AF355891

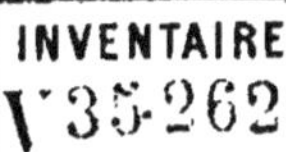

TÉLÉGRAPHIE

NAUTIQUE.

Par J.-A. CONSEIL,

Ancien Capitaine au Long-Cours, Capitaine de port à Dunkerque.

1882

Dunkerque. — Imp. de C. Drouillard, éditeur de la Dunkerquoise, rue des Pierres, 7.

TÉLÉGRAPHIE

NAUTIQUE.

TÉLÉGRAPHIE

NAUTIQUE

Par J.-A. CONSEIL,

Ancien Capitaine au Long-Cours, Capitaine de port à Dunkerque.

Dunkerque. — Imp. de C. Drouillard, éditeur de la Dunkerquoise, rue des Pierres, 7.

AVANT-PROPOS.

En conséquence des ordres de M. le Ministre de la Marine, par sa dépêche du 22 Mars dernier, à M. le Chef Maritime du sous-arrondissement de Dunkerque, qui lui disait : « Je vous prie de faire imprimer le mémoire dont » il s'agit *(La Télégraphie Nautique Conseil)* ; il aura pour annexes : 1° Le » Traité pratique de Sauvetage (également de M. CONSEIL), réduit à un précis » très-succinct ; 2° un Dialogue spécial au port de Dunkerque pour les com- » munications entre la terre et les navires etc., » cet administrateur a fait imprimer en ce port l'ouvrage dont suit la table.

AVERTISSEMENT DE L'AUTEUR.

Cette brochure, imprimée par ordre de M. le Ministre de la Marine, ne contient que ce que le chef de ce département en France, a jugé à propos de faire publier pour les expériences qu'il a ordonnées pendant un an au port de Dunkerque sur la Télégraphie nautique. Si j'ai le bonheur qu'elles réussissent, ce que j'espère, je publierai l'année prochaine tout cet ouvrage, c'est-à-dire les signaux de *nuit* et de *brume* qui complètent mon système, ainsi que ceux faits de jour, soit à l'aide d'un tableau ou simplement des bras. On verra avec quelle facilité au moyen d'une table, des bras, de pavillons et de ballons, on peut correspondre de jour ; au moyen du canon, de fanaux, de flambeaux ou de torches, d'une trompe, d'une trompette ou d'un instrument quelconque, d'une cloche, d'un tambour ou toute autre chose faisant du bruit, on peut aussi le faire de nuit ou de brume.

Cet ouvrage, indépendamment des tables des ports de France, contiendra celles des autres ports principaux des cinq parties du monde, avec des signes abréviatifs faisant connaître pour chacun d'eux : *s'ils sont de marée ou ne le sont pas, — s'ils assèchent ou ne le font pas, — combien il y reste d'eau de basse mer, — s'ils ont des rades ou des mouillages, et combien il y reste d'eau, — de quelle nature en est le fond, — de quelle espèce est leur atterrissage, suivant que ce sont des roches, des bancs de sable ou de la vase, ainsi que leur portée au large ; — s'ils sont toujours sur l'eau, — s'ils sont en partie toujours sur l'eau, — s'ils couvrent et découvrent chaque marée, — s'ils sont toujours sous l'eau ; — si ces dangers sont balisés, et par quoi ils le sont, — si les chenaux conduisant à ces ports sont aussi balisés, et par quoi, — s'il y a des feux qui en signalent les approches la nuit, — de quelle nature ils sont et leur portée à la mer ; — dans les ports de marée, leur établissement ; — enfin la latitude, — la longitude, — et la variation pour chacun d'eux*, et tout cela par une série de signes formant une seule ligne, de manière à ce qu'un capitaine terrissant sur l'un de ces ports puisse d'un seul coup-d'œil juger ce qu'il peut avoir à craindre de ses abords.

Indépendamment de ces tables, dont aucun marin, je l'espère, ne contestera l'utilité, je donnerai des tables de localités, non-seulement pour la côte de France, mais aussi POUR LE LITTORAL DE TOUTES LES NATIONS QUI ADOPTERONT CET OUVRAGE, et d'après le spécimen que je donne de ces tables dans celle des atterrissages de Dunkerque, on peut juger du degré d'utilité dont peuvent être de pareilles tables, qui formeront un véritable portulan signalé, méthode tout-à-fait nouvelle de faire éviter à un marin terrissant sur une côte qu'il ne connaît pas, les dangers qui l'entourent.

Je joindrai aussi à cet ouvrage divers dialogues qui n'ont pu trouver place ici, comme celui : *entre les deux côtés d'un port ou d'une rivière, quand on ne peut se faire entendre à la voix ;* — ceux entre pêcheurs : *à la baleine, à la morue à Terre-Neuve et à Islande,* — *au hareng, au maquereau, à la sardine et au poisson frais.* Enfin cet ouvrage sera terminé par un dialogue spécial *entre un Capitaine et un Pilote qui ne parlent pas la même langue,* contenant les renseignements que le Pilote peut avoir à demander *sur les qualités,* — *le tirant d'eau,* — et *les ressources* que présente le navire, ainsi que les informations que peut avoir à prendre le capitaine avant d'entrer au port, sur les dangers et les difficultés qu'il présente.

Cet ouvrage sera publié en *Français, Anglais, Allemand, Espagnol* et *Italien,* et deviendra par le fait la langue universelle entre les peuples qui parlent ces langues.

Tel est le plan du nouvel ouvrage que je me propose de donner aux marins, si j'en obtiens l'approbation du gouvernement français, et le plus grand bonheur que je pourrais éprouver en terminant ma longue et pénible carrière, ce serait qu'il fût jugé digne de rendre aux navigateurs de toutes les nations les services pour lesquels il a été conçu.

J.-A. CONSEIL,

Ancien Capitaine au Long-Cours, Capitaine de port à Dunkerque.

TABLE DES MATIÈRES.

DIALOGUES.

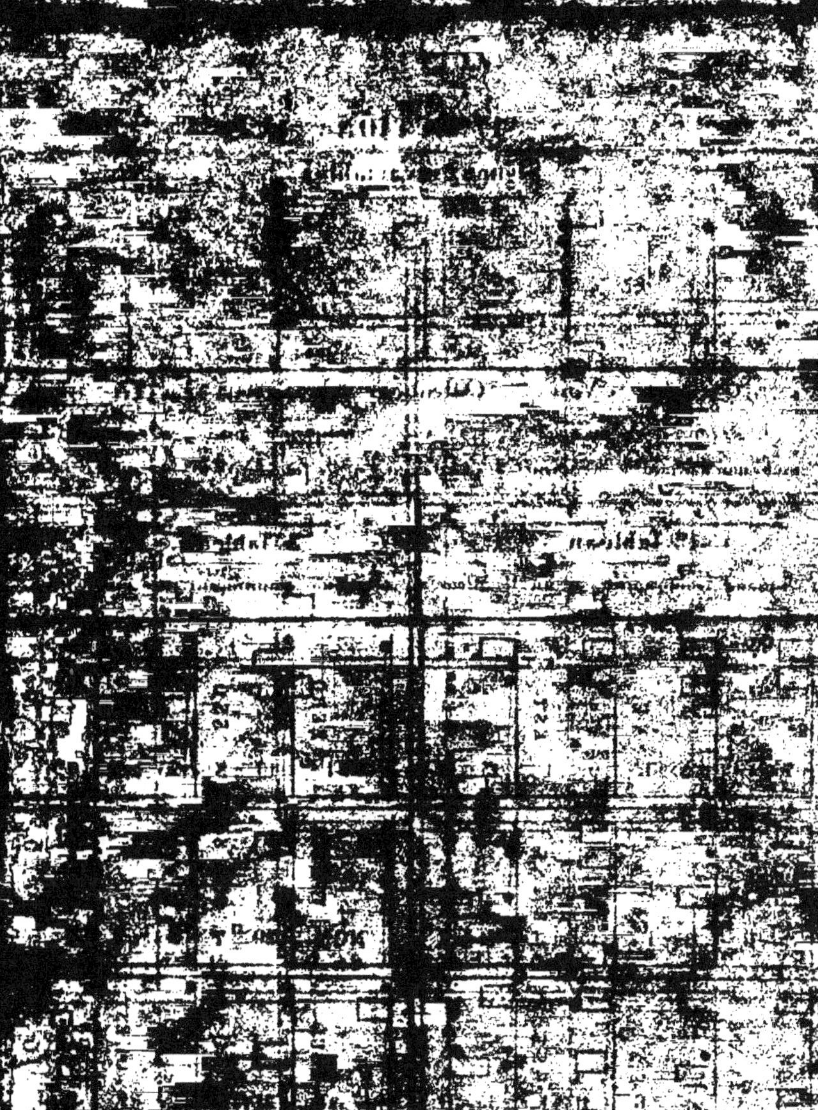

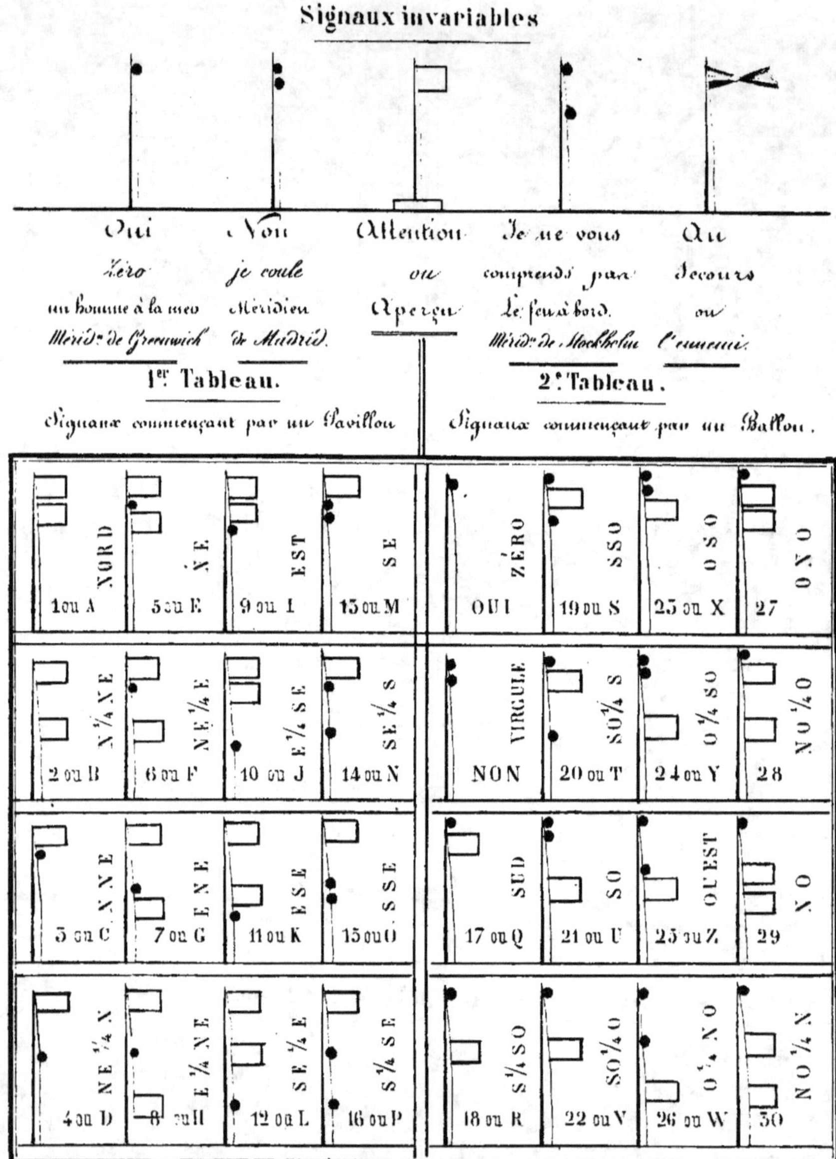

1re SECTION
Signaux invariables

Oui
Zéro
un homme à la mer
Mérid. de Greenwich

Non
je coule
Méridien de Madrid

Attention
ou
Aperçu

Je ne vous
comprends pas
le feu à bord
Mérid. de Stockholm

Au
secours
ou
l'ennemi

1er Tableau.
Signaux commençant par un Pavillon

2e Tableau.
Signaux commençant par un Ballon

NORD 1 ou A
NE 5 ou E
EST 9 ou I
SE 13 ou M
ZERO OUI
SSO 19 ou S
OSO 23 ou X
ONO 27

N¼NE 2 ou B
NE¼E 6 ou F
E¼SE 10 ou J
SE¼S 14 ou N
VIRGULE NON
SO¼S 20 ou T
O¼SO 24 ou Y
NO¼O 28

NNE 3 ou C
ENE 7 ou G
ESE 11 ou K
SSE 15 ou O
SUD 17 ou Q
SO 21 ou U
OUEST 25 ou Z
NO 29

NE¼N 4 ou D
E¼NE 8 ou H
SE¼E 12 ou L
S¼SE 16 ou P
S¼SO 18 ou R
SO¼O 22 ou V
O¼NO 26 ou W
NO¼N 30

3.ᵉ Tableau.

Signaux faits avec 4 éléments et commençant par un Pavillon.

4.ᵉ Tableau.

Signaux faits par 4 éléments et commençant par un Ballon.

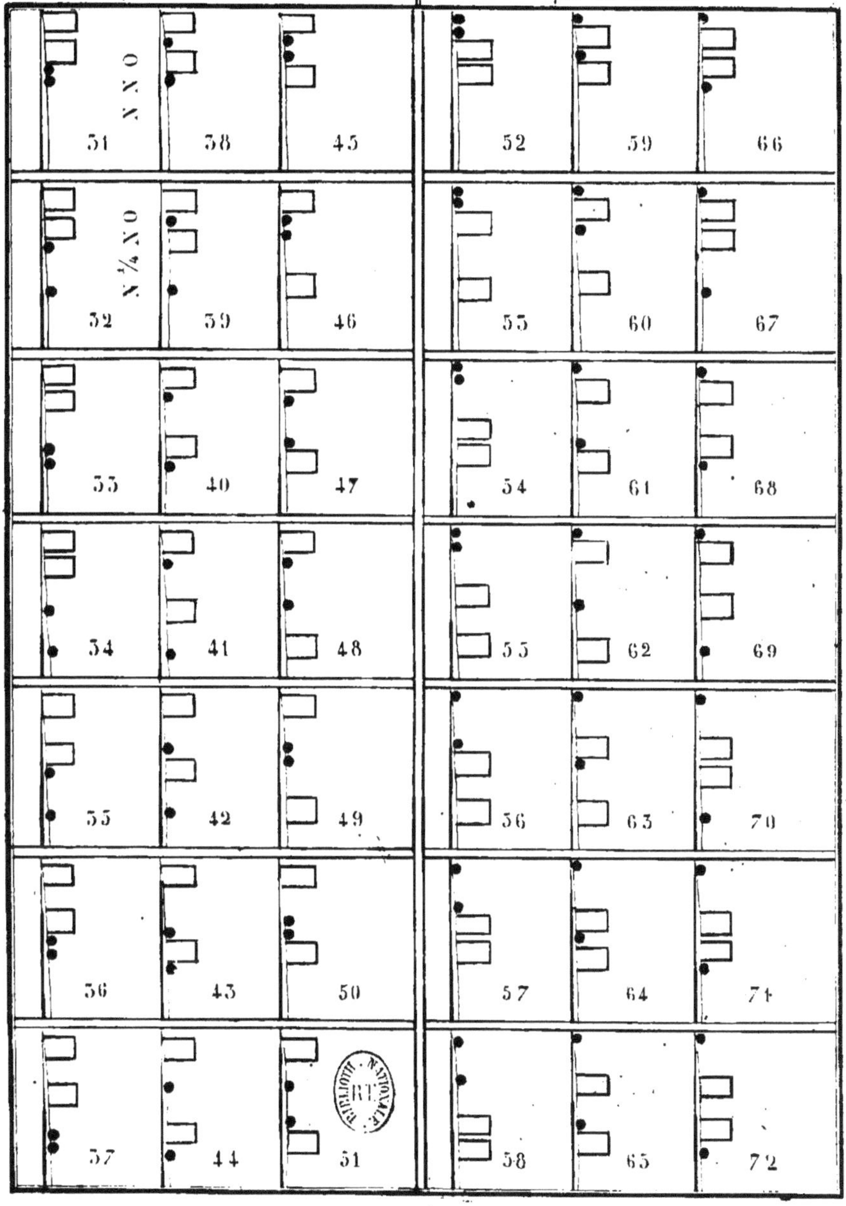

	N N O					
51	38	45	52	59	66
52	N ¼ N O — 39	46	53	60	67
53	40	47	54	61	68
54	41	48	55	62	69
55	42	49	56	63	70
56	43	50	57	64	71
57	44	51	58	65	72

Signaux faits avec 4 éléments et commençant par un Pavillon.

Signaux faits par 4 éléments et commençant par un Ballon.

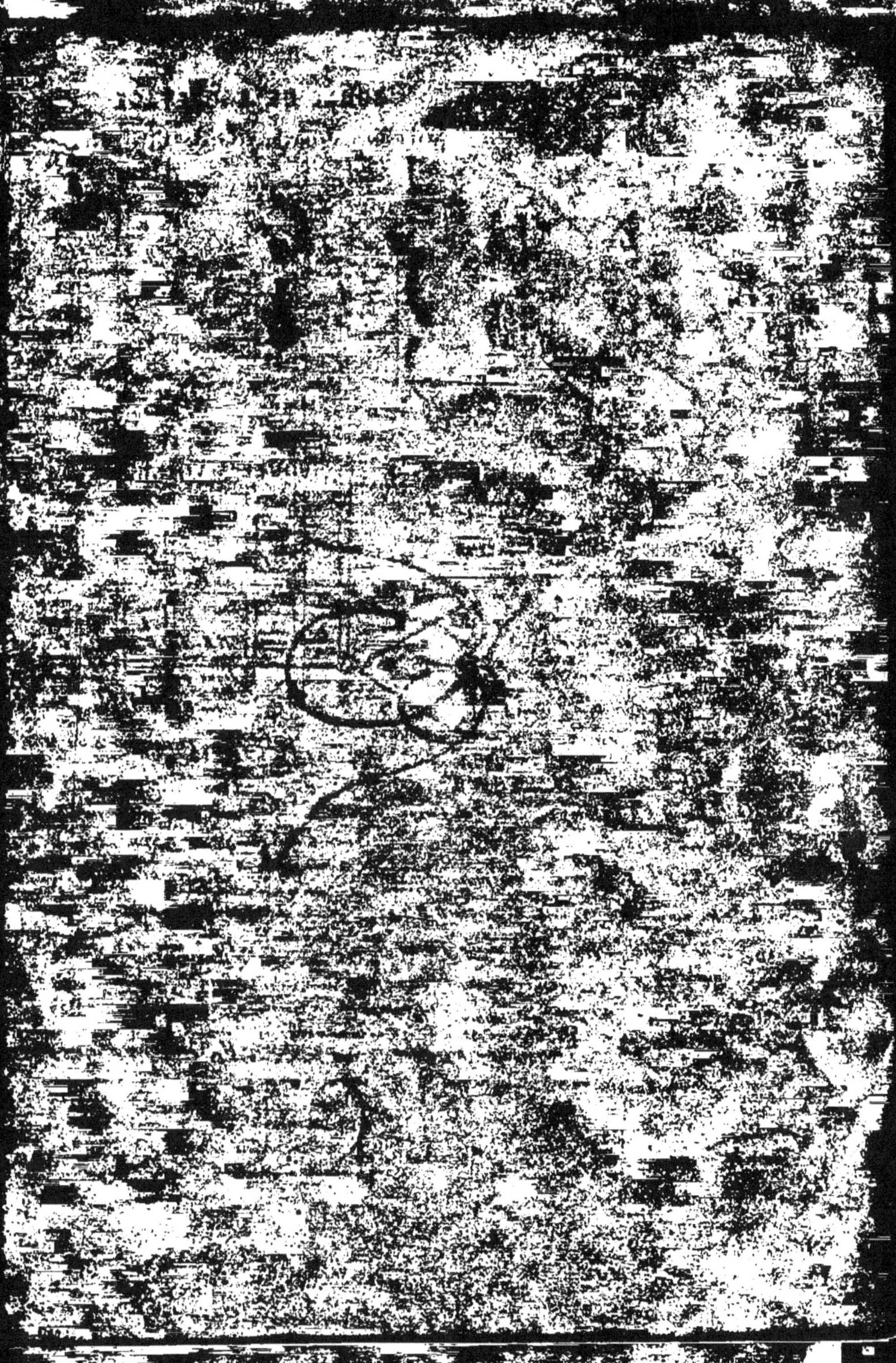

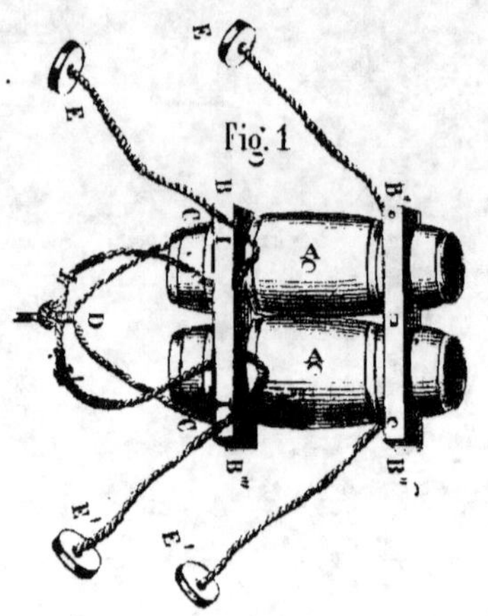

LÉGENDE DE LA BOUÉE DE SAUVETAGE.

Figure 1 & 4

A A Barils de Galère

B B' B' B" Traverses

F Emplanture du mât dans la traverse B B'

C D C Patte d'oie passant dans la traverse B B et dans la cosse D où l'on amarre la ligne de sonde.

E I L L'I'E Bout de corde passant dans les deux extrémités de la traverse B B' sur le bout duquel il y a deux flottes en liège E E servant aussi dans l'occasion à fixer la personne tombée à la mer à la bouée, ou à sauver deux personnes qui s'en saisissent.

B'E & B"E Bouts de ligne passant dans la traverse B'B" et ayant aussi deux flottes E & E au bout pour aider à sauver au besoin deux autres personnes quand plusieurs ont été enlevées.

K B I J & K' B'I'J' (Fig. 4) Saisines des barils contre les traverses.

Fig. 2 une des traverses.

Fig. 3. la bouée sous voile.

G Mat

H Voile enverguée sur deux vergues.

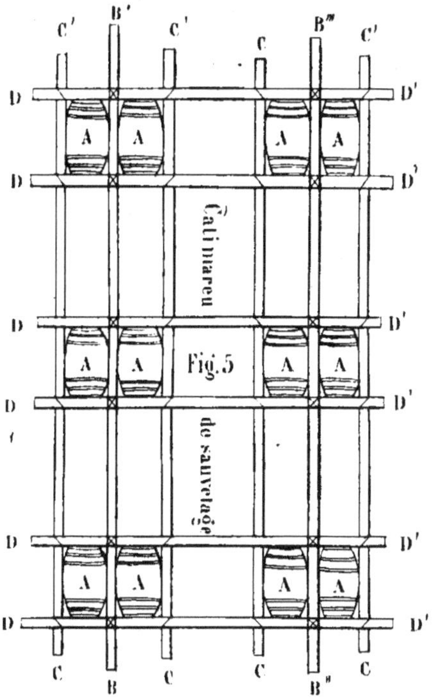

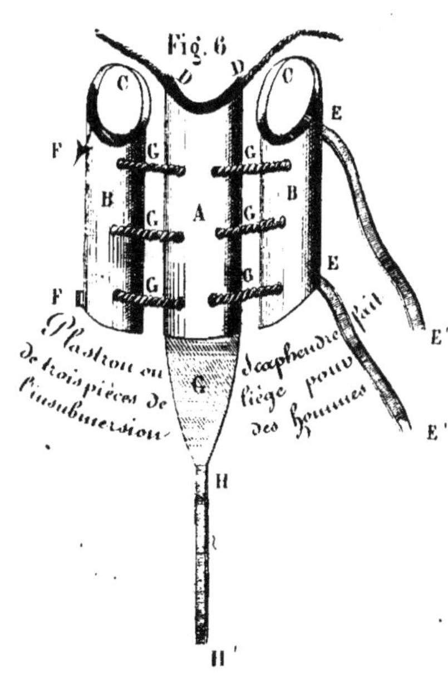

LÉGENDE DU RAS D'EAU
ou Catimareu de fortune.

A A A A Pièces à eau mariées deux à deux.
B B' B' B'' bouts d'hors bonnettes basses couchés dans
les pentes que forment les pièces qui y sont saisies.
C C' C' C''' bouts d'hors de bonnettes d'hune destinées à
maintenir les pièces contre les 2 bouts d'hors principaux
D D' D D' &c. Vergues de bonnettes dont les unes sont en
dessus les autres en dessous des bouts d'hors C C' C' C''
&c l'un sur l'avant, l'autre sur l'arrière de chaque pièce
et reliées avec les bouts d'hors pour espacer convena -
blement dans la largeur le ras d'eau. C'est sur
celle carcasse qu'on cloue les planches de pavois
pour faire un plancher.
Un tel Catimareu quand on a le temps de le faire
peut être disposé à voile et à rames, ainsi qu'à a -
voir un garde corps. Voir cette installation au
traité général des sauvetages.

LÉGENDE DU PLASTRON.

A Pièce de liège en planche destinée à être mise
sur la poitrine, elle est entaillée en demi-cercle
pour le cou et est terminée par une pièce de
toile G H destinée à passer entre les jambes
et à l'amarer au pantalon au moyen d'une la-
nière H H' percée d'une boutonnière. La pièce
A s'attache au cou au moyen des bouts de ligne
D D' D D'.
B B Pièces de liège à bretelles entaillées pour
les aisselles et tenant à la pièce A par trois
bouts de ligne G G G sur celle de droite sont
deux courroies E E' E E' destinées à se bou -
cler dans les boucles qui sont sur l'autre en
F F.

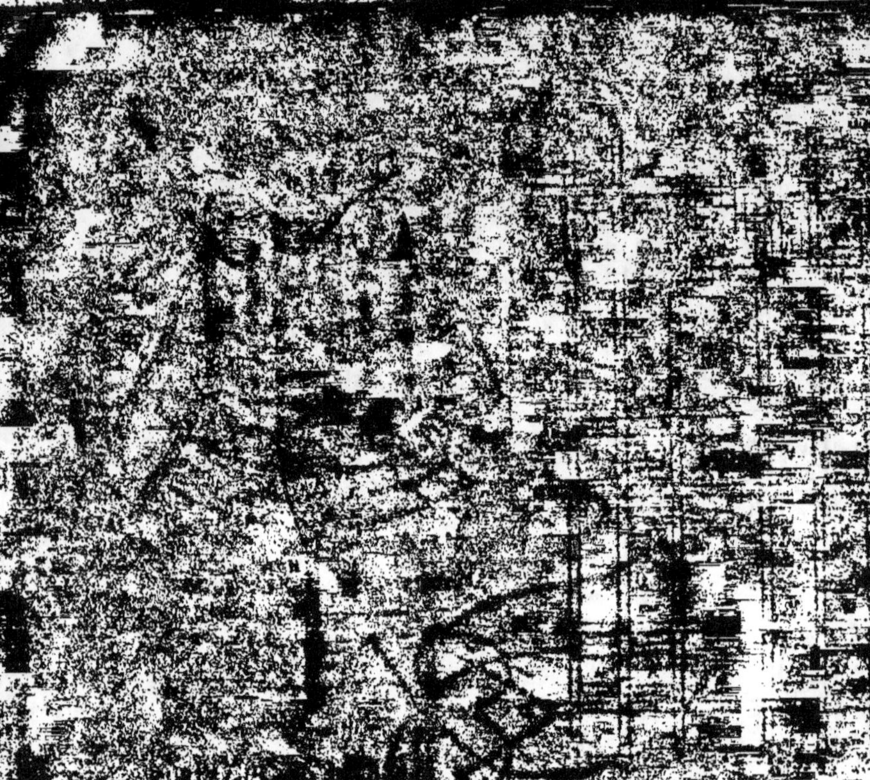

TÉLÉGRAPHIE

NAUTIQUE.

La *Télégraphie nautique* que nous publions, se divise en deux parties :

La première, avec un tableau général des signaux, comprend les explications nécessaires à leur intelligence.

La seconde contient les dialogues et les tables à traduire en signaux.

Des Signaux.

Notre système de signaux se compose de *quatre éléments*, dont deux flottants au vent, et deux opaques.

Il est inutile de se préoccuper, soit de leur forme, soit de leur couleur. Ainsi, deux pavillons, un pavillon et un guidon, deux draps de lit, deux morceaux de fourrure, etc. , etc. , peuvent former aisément des éléments flottants ; deux ballons, deux sacs remplis de paille ou d'étoupe, deux barils, etc., etc., donnent des éléments opaques. Ces éléments se trouvent donc sous la main à bord de tous les bâtiments. (1)

Cependant en faisant usage de nos signaux, il est une précaution à prendre : il convient que chaque élément ait une queue (2) de même longueur ; car tout le système reposant sur l'écartement des éléments entre eux, aussi bien que dans l'ordre dans lequel on les hisse, il importe qu'en aucun cas on ne puisse prendre un élément à bloc d'un autre pour un élément à distance.

Au moyen des quatre éléments dont nous venons de parler, on obtient parfaitement distincts, et sur le même mât, 77 signaux, savoir :

5 dits *invariables*. Ce sont :

Un pavillon seul, ou tout autre objet flottant au vent.   *Attention.*

Un pavillon lié et amarré au milieu.   *Au secours.*

Un ballon seul ou tout autre corps opaque.   *Oui.*

Deux ballons à joindre.   *Non.*

Deux ballons à distance l'un de l'autre.   *Je ne vous comprends pas*

Et 72 variables, à l'aide desquels on a formé 4 tableaux.

Le 1er *tableau* comprend 16 signaux faits au moyen de deux ou trois éléments et commençant chacun par un pavillon.

Le 2me *tableau* ne comprend que 14 signaux également faits avec 2 ou 3 éléments, mais commençant tous par un ballon. (3)

Le 3me *tableau* comprend 21 signaux faits avec les 4 éléments à la fois et commençant tous par un pavillon.

Le 4me *tableau* renferme également 21 signaux faits par les 4 éléments, mais commençant tous par un ballon.

Ainsi lorsque l'on aperçoit l'élément par lequel commence un signal, élément que l'on peut appeler *Indicateur;* si d'ailleurs on connaît le nombre d'éléments composant ce signal, on est fixé sur celui des 4 tableaux auquel on doit recourir. On voit immédiatement en effet que l'élément *flottant,* le pavillon, est le signe indicateur des tableaux 1 et 3 ;

Et que l'élément opaque, le *ballon,* est celui des tableaux 3 et 4.

---

(1) Comme on ne tient pas plus compte de la forme que de la couleur des éléments qui constituent les signaux, ceux-ci n'ont d'autre portée que celle de la vue elle-même.

(2) Ce que nous nommons ici queue est pour les objets flottants le prolongement de la ligne de gaîne.

(3) Néanmoins pour le rendre semblable au 1er tableau, on y fait figurer les signaux *oui* et *non,* qui en ont été détachés pour les signaux invariables.

Il faut remarquer en outre que le signal composé de 2 ou 3 éléments indique qu'il faut se reporter aux tableaux *un* ou *deux :*

Un, si l'élément indicateur est un pavillon ;

Deux, si cet élément est un ballon.

Ajoutons encore que le signal composé de 4 éléments, annonce qu'il convient de recourir aux tableaux 3 ou 4 :

Trois, si l'élément indicateur est un pavillon ;

Quatre, si ce même élément est un ballon.

Non-seulement ces 72 signaux variables se divisent en 4 tableaux, mais ces 4 tableaux se subdivisent encore en colonnes, et ces colonnes dans chaque tableau correspondent entre-elles, eu égard à la disposition et au nombre de leurs éléments. Toutefois, lorsque ces éléments sont flottants dans une colonne, ils sont opaques dans l'autre. Ainsi, en se pénétrant bien de cette classification, on évite des recherches nuisibles à la célérité des signaux et l'on obvie à des erreurs qu'il importe de prévenir.

Quelques exemples suffiront pour démontrer l'exactitude de ce qui vient d'être dit.

1ᵉʳ Exemple.

Un navire fait le signal ci-contre.

1° Le signal se compose de 4 éléments ; allez aux tableaux 3 ou 4.

2° L'élément indicateur est un pavillon ; arrêtez-vous au tableau n° 3.

3° Les ballons sont intermédiaires aux pavillons ; cherchez à la 3ᵐᵉ colonne de ce tableau, et en la parcourant, vous verrez que ce signal est 48.

2ᵐᵉ Exemple.

Un navire fait le signal ci-contre.

1° Le signal se compose de 3 éléments ; allez aux tableaux 1 ou 2.

2° L'élément indicateur est un ballon ; allez au tableau n° 2.

3° L'élément indicateur, un ballon, est suivi d'un autre ballon, tous deux supérieurs à un pavillon ; allez à la 3ᵐᵉ colonne, et en la parcourant vous trouverez que ce signal est 25.

3ᵐᵉ Exemple.

Un navire fait le signal ci-contre.

1° Le signal est composé de 2 éléments ; cherchez à la 1ʳᵉ colonne des tableaux 1 et 2.

2° L'élément indicateur est un pavillon, voyez 1ʳᵉ colonne du 1ᵉʳ tableau et vous trouverez que ce signal est le signal n° 3.

On voit donc avec quelle facilité, au moyen de cette classification, on peut entre les 72 signaux de la *Télégraphie*, trouver un signal dès qu'on l'aperçoit bien.

Manière de se servir des signaux.

Toutes les fois qu'on veut faire un signal, on doit commencer par hisser l'*attention*. Ce signal ne s'amène qu'après que le navire que l'on interroge y a répondu en hissant son *aperçu*. On commence alors les interrogations.

Mais il importe que l'interrogateur et l'interrogé puissent se faire connaître réciproquement qu'ils se comprennent. Dans ce but, lorsqu'un seul signal suffit pour exprimer entièrement une réponse, l'interrogateur, quand il a reconnu celui que fait l'interrogé pour lui répondre, amène son signal interrogatif à mi-mât ; de son côté l'interrogé hâle bas *sa réponse* et ensuite l'interrogateur *sa question*, — puis il passe à une autre communication, s'il y a lieu.

Mais il arrive fort souvent que pour exprimer une réponse, on est obligé de faire successsivement plusieurs signaux ; quand on doit signaler, par exemple, un nom propre de chose ou de lieu, non compris dans les tables, et qu'on ne peut donner que par l'alphabet. Dans ce cas, l'interrogateur, pour faire connaître à l'interrogé qu'il a compris chacun de ses signaux, doit amener à mi-mât son signal interrogatif après chaque signal de l'interrogé, et le rehisser aussitôt que l'interrogé a hâlé bas le sien, et cela, jusqu'à ce que celui-ci signale qu'il a fini.

Pour indiquer qu'il a fini, l'interrogé amène d'abord à mi-mât son dernier signal, et lorsque l'interrogateur lui a fait savoir qu'il l'a compris (et pour ce faire il amène aussi le sien à mi-mât), l'interrogé rehisse son signal à tête de bois jusqu'à ce que l'interrogateur y ait rehissé le sien lui-même. Alors l'interrogé, hâlant bas, met ainsi l'interrogateur à même de lui poser une autre question.

Lorsqu'on n'a qu'un seul navire en vue, ou que l'on ne peut être aperçu que d'un seul point à terre, il est toujours facile de savoir par quel dialogue entrer en matière, car un dialogue spécial pourvoit à cette situation. Mais si au contraire on peut être vu de plusieurs navires à la fois, ou de plusieurs points à terre, il importe qu'après avoir amené l'*attention*, on signale le numéro du dialogue par lequel on va correspondre. Dans tous les cas, et pour éviter toute équivoque, si l'on se trouve au milieu de bâtiments, il est toujours prudent de signaler l'aire de vent où reste, par rapport à soi, le navire auquel on est dans l'intention de s'adresser. Cette précaution préalable prise, il n'y a plus qu'à chercher dans la partie du dialogue que l'on désire employer la question que l'on veut faire. La colonne à gauche de la question donne le numéro du signal correspondant à cette question.

Cela posé, il suffit de se reporter au tableau général des signaux, et lorsqu'on y aura trouvé le numéro du signal correspondant à celui de la question, on hissera ce signal, en ayant soin de suivre la disposition des éléments qui le composent.

De son côté, la personne interrogée, pour connaître la question qui lui est faite, doit d'abord jeter les yeux sur le tableau général des signaux. Elle y cherche le numéro du signal hissé, et lorsqu'elle l'a trouvé, elle se reporte immédiatement au dialogue qu'elle sait être employé par son interlocuteur. Dans la colonne à gauche des questions, elle trouve le N° correspondant à celui du signal fait pour traduire la question qui lui a été posée.

S'agit-il de répondre à un signal, rien n'est plus facile. D'abord il faut remarquer que, dans cet ouvrage, chaque question a en regard d'elle sa réponse, et que les questions comme les réponses ont chacune un n° correspondant à celui du signal par lequel elles doivent se traduire. Il suit de là que, pour répondre à une question, il suffit de chercher dans le tableau général des signaux le numéro du signal correspondant au numéro de la réponse que l'on doit faire. Ainsi, supposons que l'on ait signalé que l'on veut correspondre en se servant du dialogue n° 1, et qu'ensuite on ait hissé le signal n° 15 de ce dialogue, qui signifie : *Comment était le commerce à votre départ, dans le pays d'où vous venez ?*

Le dialogue n° 1, donne trois réponses à cette question :

Réponse n° 1,	*Bon.*
Id. n° 2,	*Assez bon.*
Id. n° 3,	*Mauvais.*

Or si l'on veut faire savoir que le commerce était mauvais, il suffit de hisser le signal n° 3.

De quelques signaux particuliers.

DE L'ALPHABET.

Lorsque l'on doit exprimer un nom propre, de chose ou de lieu, non compris dans les dialogues ou les tables, il suffit tout simplement de le signaler lettre à lettre. Dans ce cas, les 25 premiers signaux du tableau généra-

cessent de représenter des nombres pour exprimer les 25 lettres de l'alphabet.

Supposons qu'on veuille indiquer que le navire que l'on commande se nomme *Marie*. On commencera par faire le signal n° 13, qui représente la 13e lettre, M, de l'alphabet;—puis le signal n° 1, qui représente la première, A, — et ainsi de suite jusqu'à ce que l'on ait composé le nom en question.

DES NOMBRES.

Toutes les fois qu'une réponse doit se traduire par un nombre, si ce nombre ne dépasse pas 72, on trouve toujours dans le tableau général des signaux le signal correspondant à ce nombre, et il suffit de le hisser. Mais, si le nombre que l'on veut exprimer va au-delà de 72 ou contient des décimales, il faut le signaler chiffre à chiffre, et, s'il renferme un ou plusieurs zéros, les indiquer en hissant *un ballon* seul qui signifie *zéro*.

Dans la première hypothèse, supposons que nous ayons à signaler 92; nous ferons d'abord le signal n° 9, — puis le signal n° 2.

Mais, si nous avions à signaler 304, par exemple, il nous faudrait faire le signal n° 3 ; —puis hisser un ballon seul, *zéro*,—puis, enfin, le signal n° 4 ;—ce qui donnerait, en effet, le nombre que l'on s'est proposé, 304.

D'un autre côté, s'il s'agissait de signaler un nombre suivi de décimales, tel que 7,33, par exemple, on ferait d'abord le signal n° 7, —puis, pour tenir la place de la virgule, destinée dans l'usage à séparer l'unité de tout chiffre décimal, on hisserait *deux ballons à distance*,—et ensuite le signal n° 33;—on obtiendrait ainsi 7,33.

En dernière analyse, si le nombre qu'on aurait l'intention d'exprimer ne comportait pas d'unités, et se composait seulement de décimales, comme 0,28, par exemple (Et il ne faut pas perdre de vue qu'il importe toujours d'indiquer par un signal le zéro qui tient la place de l'unité, afin que l'on sache qu'il ne s'agit pas d'un nombre entier.), il conviendrait de hisser *un ballon seul* d'abord, qui, comme nous l'avons vu, représente *zéro*;—puis *deux ballons à distance*, qui servent à exprimer la *virgule*; — puis le signal n° 28;—ce qui donne bien 0,28.

Ajoutons, en terminant, que les fractions 2/3, 3/4, 5/6, etc., etc., pouvant toujours se convertir en décimales, il est également facile, au moyen de notre système, de les rendre en signaux.

DE L'HEURE.

Ce que nous venons de dire de la manière de signaler les nombres, peut s'appliquer à l'heure.

En effet, si l'on demande: *Quelle heure est-il?* et qu'on ait à répondre 7 heures 45 m., en se reportant à ce qui vient d'être dit, on voit que pour traduire cette réponse, il n'y a qu'à faire le signal n° 7, après lequel on hissera *deux ballons à distance* pour tenir lieu de la *virgule*, — et ensuite le signal n° 45; — ce qui donne nécessairement 7 heures 45 m. La nature de la question évite à elle seule toute confusion, c'est pour ce motif que l'on a pu appliquer aux heures les signaux destinés à signaler les nombres.

Veut-on faire connaître qu'il est 0 h. 45 m., rien n'est plus simple. Nous savons qu'il importe de toujours signaler le zéro qui tient la place de l'unité et que ce *zéro* se signale en hissant *un ballon seul;* nous avons vu également ment que la *virgule*, s'indique au moyen de *deux ballons à distance*, et, qu'en outre, les nombres, *ne dépassant pas* 72, ont chacun un signal qui leur correspond dans le tableau général des signaux. Il suffit donc, pour signaler 0 h. 45, de hisser : 1° Un ballon seul, *zéro ,* — puis deux ballons à distance, *virgule*, — puis le signal n° 45. Cette méthode est trop claire pour comporter de plus amples explications.

Cependant, il nous reste une observation à consigner ici. Lorsqu'il s'agit de l'heure des marées, par exemple, il est indispensable souvent d'être fixé sur la question de savoir s'il s'agit des marées du soir ou de celles du matin. Pour satisfaire à cette exigeance, nous sommes convenus qu'après avoir signalé les heures et les minutes, ou les minutes seulement, on ferait *un dernier signal :* Un ballon seul, pour faire entendre qu'il est question du matin, et deux ballons à joindre, pour indiquer le soir.

DE LA LATITUDE, LA LONGITUDE, LA VARIATION, LA HAUTEUR, LA DISTANCE, UN ANGLE OU ARC QUELCONQUE.

Ce que nous avons dit de l'heure est applicable à la latitude, la longitude, etc., etc. ; l'espèce d'unité n'est pas la même et voilà tout ; il s'agit de degrés au lieu d'heures.

Si l'on avait à signaler un angle ou un arc de 23° 48', on ferait d'abord le signal n° 23, — on hisserait ensuite *deux ballons à distance* (virgule) — et, enfin, le signal n° 48.

La latitude, la longitude et la variation n'étant que des arcs, s'expriment donc par des degrés et minutes. Il est inutile d'observer qu'il y aurait lieu d'agir de la même manière pour les traduire.

Bien que la latitude puisse être Nord ou Sud, nous ne nous préoccuperons pas de faire connaître ces distinctions à l'aide de nos signaux, notre travail ne devant servir qu'en Europe, où elle est toujours Nord.

Mais il en est tout autrement de la longitude, qui est tantôt Est, tantôt Ouest dans cette partie du monde. Il est donc nécessaire que l'on puisse indiquer, suivant le cas, si la longitude que l'on signale est Est ou Ouest. On obtiendra ce résultat en faisant un dernier signal après que l'on aura signalé les degrés et les minutes, 9 ou 25 : 9 s'il s'agit d'une longitude *Est*, 25 s'il s'agit d'une longitude *Ouest* (4).

Mais il reste encore une précaution à prendre. Toutes les fois qu'on signale une longitude, il convient, en effet, que l'on fasse connaître de quel méridien elle est comptée. Pour l'indiquer, si elle est comptée du méridien de Greenwich (Angleterre), après avoir signalé sa longitude, on hissera *un ballon seul ;* — si elle est comptée du méridien de l'île de Fer (Canaries), on hissera *deux ballons à joindre ;* — enfin, si elle est comptée du méridien de Stockholm (Suède), on hissera *deux ballons à distance*. Dans le cas donc où l'on aurait signalé une longitude sans faire l'un de ces trois signaux, il faudrait en conclure qu'elle est comptée du méridien de Paris (France).

Nous ne parlerons que pour mémoire de la variation. On ne saurait s'y méprendre, en Europe elle est toujours N.-O.

Nous ne dirons rien non plus de la manière de signaler une *hauteur* quelconque, car cette hauteur n'est qu'un arc qui s'exprime en degrés et en minutes ou en degrés seulement. Nous avons vu comment se font ces sortes de signaux.

Quant à la *distance*, elle ne nous paraît pas devoir entrer dans le cadre de ce travail, les caboteurs ne s'en servant presque jamais pour déterminer leur longitude.

DES SIGNAUX DE DÉTRESSE.

Les signaux invariables que nous avons eu l'occasion de mentionner, servent aussi de signaux de *détresse*.

Un ballon seul, veut dire :	*Un homme à la mer.*
Deux ballons à joindre, signifient	*Je coule.*
Deux ballons à distance, id.	*Le feu à bord.*
Un pavillon lié et amarré au milieu, id.	*Au secours.*

Ces signaux ne sauraient donner lieu à une fausse interpellation. Quand un navire hisse tout-à-coup *un ballon seul*, on ne peut s'imaginer qu'il veut dire : *oui* ou *zéro*. En effet, *oui* ou *zéro* ne peut venir qu'en réponse à une question, et il n'en a pas été adressé.

Par la même raison *deux ballons à joindre*, lorsqu'ils sont hissés spontanément, ne peuvent signifier *non*.

Enfin, si *deux ballons à distance* sont hissés subitement, on ne peut pas

---

4) Voir la table des vents.

penser que l'on veuille dire : *Je ne vous comprends pas, répétez-moi votre signal*, puisqu'on n'en a pas fait.

Quant au pavillon *lié* et *amarré* par le milieu, tous les marins savent qu'il indique la détresse, c'est donc avec raison qu'on s'en est servi pour rendre cette pensée : *Au secours !*

Précautions à prendre quand on fait des signaux par un temps calme.

Quand il fait calme et que conséquemment les pavillons ne se déployant pas, on pourrait ne point bien distinguer un élément à distance d'un élément à bloc, il faut avoir soin d'enverguer ces pavillons et de les hisser ainsi en prenant la précaution d'amarrer le bout de la bannière sur la drisse. Il est entendu, dans ce cas, que ce n'est qu'à partir de ce bout qu'on compte la distance entre les éléments.

Observations générales.

Ces signaux se faisant tous sur un même mât, on peut les hisser non-seulement au grand mât, mais aussi aux mâts de misaine ou d'artimon, et même en tout autre endroit plus apparent, tel que l'empointure d'une vergue, au bout d'une perche, sur une tour, au coin d'un monument quelconque, enfin partout où ils se détachent bien.

DES DIALOGUES.

Ce travail contient *trois* dialogues :

Le 1er dialogue est affecté *aux communications entre deux navires à la mer.*
Le 2me id. id. id. *d'un navire avec la terre.*
Le 3me id. id. id. *de la terre avec un navire en vue.*

Chacun de ces dialogues peut fournir 72 questions, avec réponse à chacune d'elles.

Mais il arrive souvent qu'une question donne lieu à plusieurs réponses ; ces diverses réponses sont comprises dans une accolade. Il en est de même des questions susceptibles d'une même réponse.

Ajoutons que l'équivoque n'étant pas possible entre l'interrogateur et l'interrogé, on a pu sans inconvénient approprier les mêmes signaux aux réponses qu'aux questions.

DES TABLES.

Si les réponses à faire aux questions que renferment les dialogues avaient pu être comprises dans ces dialogues mêmes, nous n'aurions pas eu besoin d'avoir recours à la formation de tables. Mais il est telle question qui à elle seule comporte plus de 72 réponses, il y a donc eu nécessité pour satisfaire aux exigeances des situations diverses dans lesquelles on peut se trouver, de composer des tables qui par leur spécialité fussent de nature à rendre toujours possibles les communications.

Nous avons divisé ces tables en trois catégories :

1° *Tables de navigation.*

2° *Tables des ports.*

3° *Tables des localités.*

Les tables de navigation sont au nombre de sept, savoir :

La première donne : *Les diverses directions du vent, la nature des fonds, les noms des principaux écueils, enfin la température.*

La deuxième contient : *Les principales parties de la coque d'un navire, les objets d'armement, sur le pont, les rechanges, les instruments nautiques, les outils, etc.*

La troisième se rapporte : *A la mâture, au gréement et à la voilure.*

La quatrième est relative : *A la composition des cargaisons des navires du commerce.*

La cinquième donne : *Les noms des différentes sortes de navires, soit de guerre, soit de commerce, à voiles et à vapeur, ainsi que les noms des principaux peuples navigateurs.*

La sixième présente : *La nomenclature des vivres que généralement on embarque, les maladies qui atteignent le plus souvent l'homme de mer, ainsi que les médicaments propres à leur traitement.*

La septième indique : *Les principales navigations que l'on est dans l'usage d'entreprendre, les grandes pêches qui se pratiquent, les engins et les instruments qu'on y emploie, enfin la nomenclature des munitions de guerre.*

TABLES DES PORTS DE FRANCE.

Ces tables sont au nombre de deux.

La première est spéciale aux ports de la *Mer du Nord*, de la *Manche* et de l'*Océan*.

La seconde à ceux de la *Méditerrannée (côtes de France et d'Algérie)* et des *Colonies françaises.*

Pour plus de méthode, nous aurions dû donner à ces tables les n°ˢ 1 et 2 ;

mais nous avons craint que les caboteurs auxquels cet ouvrage est destiné ne les confondissent avec les deux premières tables de navigation, et pour ce motif nous leur avons donné les numéros 8 et 9.

DES TABLES DES LOCALITÉS,

Les tables des localités sont un complément nécessaire, obligé de ce travail. Nous regrettons que le cercle dans lequel nous devons nous renfermer nous ait fixé des limites, nous aurions voulu donner pour chaque point important une description détaillée de tous les faits y intéressant la navigation, mais nous avons dû nous borner à indiquer pour ce qui concerne le littoral des côtes de *France* et de *Belgique*, depuis *Nieuport* jusqu'à *Grinez*, les renseignements propres à faire connaître ces parages, atterrissages naturels du port de *Dunkerque.*

Ces renseignements et détails forment la matière d'une table de localités à laquelle nous avons, pour éviter toute confusion, donné le n° 10. Elle est suivie d'une description abrégée des abords des ports de *Dunkerque, Grave-lines* et *Calais.*

Cette table ne présente aucune difficulté dans l'usage, on s'en sert en effet de la même manière que des autres.

Supposons qu'un navire, pour correspondre avec la côte des environs de Dunkerque, hisse le signal n° 50 du dialogue n° 2, qui signifie : *Indiquez-moi, si vous le pouvez, les amers que j'ai à prendre pour entrer*, et que la terre répondant par le signal n° 29 du même dialogue, qui veut dire : *Relevez l'objet que je vais vous signaler dans la table n° 10 des localités par l'objet que je vous signalerai ensuite*, hisse les signaux n°ˢ 42 et 43, il est évident qu'elle aura voulu indiquer au navire qui interroge qu'il lui faut relever la tour de *Bergues* par celle de *Leffrinckhoucke*, puisque dans la table n° 10 signal n° 42 correspond à *Bergues* et le signal n° 43 à *Leffrinckhoucke.*

DIALOGUE N° 1

ENTRE DEUX NAVIRES.

Questions sur la longitude et le point.

	Attention.	Aperçu *(c'est le signal d'attention que l'on hisse)*.
1	Quelle est votre longitude ?	*Répondre en signalant sa longitude, comme il est dit page 7.*
2	Quel est votre point ?	*Signaler d'abord la latitude, —puis ensuite la longitude, comme il est dit page 7.*

Renseignements généraux sur le navire et son voyage.

3	Comment se nomme votre navire ?	*Signaler ces noms par l'alphabet. (Voir page 5).*
4	Quel est votre nom, capitaine ?	
5	A quel port appartient votre navire ?	*S'il s'agit d'un port français, signaler d'abord le n° de la table des ports dans laquelle il se trouve, — puis le n° de cette table correspondant à ce port. — S'il s'agit d'un navire étranger, ou d'un port qui ne se trouve pas dans les tables, en signaler le nom par l'alphabet, comme il est indiqué page 5.*
6	D'où venez-vous ?	
7	Où allez-vous ?	
8	Combien avez-vous de jours de traversée ?	*Signaler le nombre de jours de traversée qu'on a, comme il est indiqué page 6 (des nombres).*
9	Combien y a-t-il de jours que vous avez vu la dernière terre ?	*Signaler ce nombre de jours (Voir page 7, des nombres).*
10	Quelle était cette dernière terre ?	*Répondre à cette question comme il a été dit à l'égard des questions 5, 6 & 7.*
11	Raillez-moi ; j'ai à vous parler.	*Aperçu.*
12	Je crois que vous vous trompez dans les signaux que vous me faites.	*Vérifier son signal, et si on ne s'est pas trompé, le rehisser.*
13	Connaissez-vous quelque événement qui exige que nous causions?	Oui. / Non.
14	Bon voyage ; à votre arrivée faites mention de notre rencontre dans les journaux de la localité où vous allez, j'en ferai autant de mon côté.	Comptez-y.
15	A votre départ, comment était le commerce dans le pays d'où vous venez ?	1 Bon. / 2 Assez bon. / 3 Mauvais.

Suite du Dialogue n° 1.

16	Quel était le cours du frêt pour le pays Q. J. V. V. S. (5)

Signaler d'abord le n° de la table dans laquelle se trouve le port que l'on veut indiquer ; — puis le port lui-même ; — ou s'il n'est pas dans une des tables, le signaler par l'alphabet, comme il est indiqué page 5. (6)

17		A votre départ, y avait il beaucoup de navires sans emploi dans le port d'où vous venez ?		
18	=	Y avait-il beaucoup de navires attendus dans le port d'où vous venez ?	.	Oui.
			..	Non.
19	=	Avez-vous rencontré beaucoup de navires terrissant sur le port d'où vous venez?		
20	' =	Comment était la récolte dans l'endroit d'où vous venez ?	1	Bonne.
			2	Médiocre (ou assez bonne).
21	=	Comment s'annonçait la récolte dans l'endroit d'où vous venez?	3	Mauvaise.
22	=	Comment était l'état sanitaire du pays d'où vous venez ?	1	Bon.
			3	Mauvais.
23	=	Quelle était la maladie régnante dans le pays d'où vous venez?		*Indiquer cette maladie par la table n° 6, ou s'il n'en existait pas, signaler :*
			4	Il n'y en avait point.

---

(5) Q. J. V. V. S. est une manière abrégée de dire : *Que je vais vous signaler.*

(6) Il ne faut pas perdre de vue que lorsqu'un nom de lieu ne se trouve pas dans les tables, nom qui dès lors doit s'exprimer par l'alphabet, il est nécessaire de faire connaître qu'on va le signaler lettre à lettre. (Voir page 4 comment on doit faire).

Suite du Dialogue n° 1.

Questions sur l'heure, les observations et la variation.

24	Quelle heure avez-vous?		*Signaler cette heure comme il est dit page 6.*
25	Avez-vous eu la hauteur méridienne?	*	*Oui et je vais vous la signaler. — Signaler cette hauteur comme il a été indiqué page 8, et si on n'a point observé répondre :*
		5	Je ne l'ai pas eue.
26	Quelle latitude vous a donnée cette hauteur ?		*Signaler cette latitude comme il est indiqué page 7.*
27	Avez-vous déterminé la variation, par quelle observation l'avez-vous fait? et quelle variation avez-vous obtenue?	6 / 7 / 8	Par l'amplitude Q. J. V. V. S. Par l'azimuth Q. J. V. V. S. Par le passage au 1er vertical Q. J. V. V. S. *Signaler d'abord, ou l'amplitude, ou l'azimuth, ou le passage au 1er vertical qu'on a obtenu, suivant le cas ; — puis la variation obtenue. — Si on n'a pas observé la variation, répondre :*
		**	Non.

Questions sur les atterrissages et la sonde.

28	Avez-vous eu quelques indices de la terre ?	9 / 10 / 11 / **	Oui, j'ai vu du goëmont de fond. Oui, j'ai vu des lacets. Oui, j'ai vu des oiseaux. Non.
29	Avez-vous sondé ? — Et si vous avez eu le fond, signalez-moi le brassiage que vous avez eu, — et par la table n° 1 quelle espèce de fond vous avez trouvée.	12 / **	Oui, jai eu le fond par le nombre de brasses Q. J. V. V. S. La nature de ce fond est celle Q. J. V. V. S. par la table n° 1.—*Signaler d'abord le nombre de brasses de fond qu'on trouve, comme il est indiqué page 6, — puis par la table n° 1 la nature du fond qu'a rapporté le plomb. Si on n'a pas sondé, répondre :* Non.
30	Allez-vous sonder ?	* / **	Oui. Non.
31	Voyez-vous la terre ? — Et si vous la voyez, dans quelle aire de vent la voyez-vous, — et à quelle distance vous en estimez-vous ?	13 / **	Oui, je la vois dans l'aire de vent Q. J. V. V. S. par la table n° 1, et je m'en estime à la distance Q. J. V. V. S. — *Signaler d'abord l'aire de vent, puis la distance estimée en milles, ou si on ne voit pas la terre, répondre :* Non.

Suite du dialogue nº 1.

23	Si vous connaissez la terre, nommez-la-moi, je vous prie.		Oui, je vais vous la nommer par la table dont je vais vous signaler le numéro. — *Signaler d'abord le numéro de la table où se trouve le nom de la terre que l'on voit,—puis dans cette table le numéro qui y correspond. — Si ce nom n'est pas dans une des tables, le signaler par l'alphabet comme il est indiqué page 5. — Ou si on ne connaît pas la terre, répondre :*
		14	Je ne la connais pas.
33	Etes-vous pratique de cette côte?	٭	Oui.
		٭٭	Non.
34	Puisque vous êtes pratique de cette côte, voulez-vous que nous naviguions de conserve?	٭	Oui.
		15	Je ne le puis que si vous me suivez.
35	Etes-vous pratique du port qui est en vue? et quel est son nom?	16	Oui, et je vais vous le nommer par la table dont je vais vous signaler le numéro. — *Signaler ce port comme il a été indiqué à l'égard des questions 5, 6 & 7, — et s'il ne se trouve pas dans l'une des tables, le signaler par l'alphabet, comme il est indiqué page 5, ou répondre:*
		٭٭	Non.
36	Je vais vous signaler mon tirant d'eau; dites-moi si vous pensez que je puisse, de ces marées, entrer dans le port que vous me signalez? — *Signaler le tirant d'eau du navire en pieds (7).*	٭	Oui.
		٭٭	Non.
37	L'entrée de ce port est-elle dangereuse? Et ses approches sont-elles assez difficiles pour ne pas se hasarder à y donner sans pilote?	٭	Oui.
		4	Je ne sais.
		٭٭	Non.
38	Y a-t-il des pilotes?	٭	Oui.
39	Y a-t-il des remorqueurs?	٭٭	Non.
40	Y a-t-il des signaux?	4	Je ne sais.
41	Les dangers de ce port portent-ils fort au large?	17	A la distance en milles Q. J. V. V. S. — *Signaler cette distance comme il est indiqué page 7 (des nombres) ou répondre par le signal :*
		4	Je ne sais.
42	Si vous prenez un pilote avant moi voulez-vous m'en envoyer un?	19	Comptez-y.

(7) On signale le tirant d'eau, en pieds, parce que les Anglais et la plupart des peuples navigateurs ont conservé cette mesure *ou l'équivalente.*

Suite du Dialogue n° 1.

Renseignements sur le temps et le vent.

43	Quel temps pensez-vous qu'il va faire?	20 21 22 23	Qu'il va faire beau. Qu'il va faire assez beau. Qu'il va faire mauvais. Qu'il va faire le temps Q. J. V. V. S. par la table n° 1. — *Signaler par cette table le temps qu'on pense qu'il va faire.*
44	Quels vents pensez-vous que nous allons avoir?		*Répondre par la table n° 1 des vents.*
45	Qu'allez-vous faire avec cette apparence de temps?	24 25 26 27 28	Je vais courir au large pour la nuit. Je vais prendre mes précautions contre le mauvais temps. Je vais aller m'abriter sous la terre qui est dans l'aire de vent Q. J. V. V. S. — *Signaler cette aire de vent par la table n° 1.* Je vais aller au mouillage qui est dans l'aire de vent Q. J. V. V. S. — *Signaler cette aire de vent par la table n° 1 des vents.* Je vais aller chercher le port Q. J. V. V. S. — *Signaler ce port comme il a été indiqué page 12, à propos des réponses aux questions 5, 6 et 7, en se conformant, s'il y a lieu, à la note de ladite page.*
46	Qu'allez-vous faire alors?	29	Je suis fort indécis.

Demander des vivres, des médicaments, des objets de remplacement, un renfort de monde.

47	Je manque de vivres, pouvez-vous me donner ceux Q. J. V. V. S. par la table n° 6. — *Signaler par la dite table les vivres dont on a besoin.*	30 31	Oui. En partie ceux Q. J. V. V. S. — *Signaler par la table n° 6 ce qu'on peut donner.* Non, car j'en suis trop à court moi-même.
48	Ma position est tellement critique, que vous me rendriez un véritable service en me donnant ce que vous pourrez.	32	En ce cas, partageons, je vais vous signaler par la table n° 6 ce que je puis vous donner. — *Signaler par la table n° 6 ce que l'on peut donner.*

Suite du dialogue n° 1.

49	J'ai de graves avaries et vais vous les faire connaître par la table dont je vais vous signaler le numéro; ne pourriez-vous pas venir à mon aide?—*Signaler d'abord le numéro de la table où se trouve le nom des objets avariés, et dont on demande le remplacement; puis successivement le numéro de ces objets dans cette table (8).*	30	Oui. En partie, ceux Q. J. V. V. S. par la table Q. V. me signalez.— *Signaler ensuite les objets qu'on peut donner.* Non.
50	J'ai beaucoup de malades, ne pourriez-vous pas me donner les médicaments Q. J. V. V. S. par la table n° 6 ?— *Signaler par ladite table les médicaments dont on a besoin.*	30	Oui. En partie, ceux Q. J. V. V. S. par la table n° 6. — *Signaler ensuite par cette table ce que l'on peut donner.* Non.
51	Pourriez-vous me donner quelques hommes de renfort? je suis faible de monde.		Oui.
52	Toutes mes embarcations ont été enlevées, pourriez-vous m'en donner une ?		Non.

Réclamer une escorte et des secours.

53	J'ai une voie d'eau considérable et je vous prie de m'observer jusqu'à la prochaine relâche qui sera, je pense, celle Q. J. V. V. S. — *Voir pour faire ce signal les explications données page 12, réponses aux questions 5, 6 et 7, et consulter, en outre, la note de ladite page.*	19 35	Comptez-y. Je vous observerai tant qu'il me sera possible ; mais s'il se présente un autre navire, je vous quitterai, car je suis très-pressé.
54	J'ai une voie d'eau si dangereuse, que je ne puis la franchir et vais devoir abandonner. — Ne vous éloignez donc pas de moi, rapprochez-vous-en même le plus possible, pour que je puisse me réfugier à votre bord.	19 36	Comptez-y. Je ne puis vous rien promettre à cet égard, car je suis moi-même dans le plus pitoyable état.
55	J'ai perdu tant de monde que je ne puis manœuvrer. Venez donc, je vous prie, au plus vite à mon secours.	35	On y va. — *Les deux réponses 19 et 36 se font aussi, suivant le cas, à cette prière.*

(8) Il peut se faire que les noms des objets avariés que l'on doit faire connaître exigent l'emploi simultané des tables 2 et 3. Dans ce cas il faut avoir soin de commencer par signaler les objets compris dans la table n° 2, puis, quand on a fini, hisser de nouveau la question 49, pour avertir que l'on va changer de table et correspondre avec celle n° 3.

Suite du dialogue n° 1.
Secours à donner à un navire en danger.

56	J'aperçois un navire en détresse à l'aire de vent Q. J. V. V. S. — Je vais à son secours, y venez-vous aussi? — *Signaler ensuite l'aire de vent où l'on aperçoit le navire en danger.*	37	Je vous suis.
		38	Je ne puis vous suivre.
57	Je viens de sauver les naufragés, mais je me trouve actuellement avoir beaucoup trop de monde, ne pourriez-vous pas m'en prendre une partie?	39	Oui, le nombre Q. J. V. V. S. — *Signaler ce nombre comme il est dit page 6 (des nombres).*
		40	Non, car j'ai à peine l'espace nécessaire pour loger mes gens.

Avis divers.

58	Virez promptement, vous courez sur des dangers.	Aperçu.
59	Mouillez de suite ou vous allez vous perdre.	Aperçu.
60	Laissez arriver à l'aire de vent Q. J. V. V. S. pour éviter les dangers que vous avez au vent. — *Signaler ensuite cette aire de vent par la table n° 1.*	Aperçu.
61	Serrez le vent tant que vous pourrez, vous avez des dangers sous le vent.	Aperçu.
62	Gouvernez à l'aire de vent Q. J. V. V. S., — et quand vous trouverez le brassiage Q. J. V. V. S., mouillez. — *Signaler l'aire de vent à laquelle doit gouverner le navire, — puis ensuite le brassiage que ce navire doit trouver pour mouiller.*	Aperçu.
36	Il vous faut tenir à ce mouillage jusqu'à l'heure Q. J. V. V. S.; — alors vous pourrez appareiller pour le port sous le vent Q. J. V. V. S., lequel est dans l'aire de vent Q. J. V. V. S., et à la distance Q. J. V. V. S. — *Le premier signal à faire est pour l'heure de l'appareillage; — le second pour le nom du port, que l'on donne comme il est indiqué aux réponses aux questions 5, 6 et 7 (page 12); — le troisième est pour l'aire de vent, à prendre dans la table n° 1, et à laquelle le navire devra faire route pour aller chercher le port en question; — enfin, le dernier est pour le nombre de milles auquel le port se trouve du mouillage où est le navire, et qu'il faut signaler comme il est indiqué page 6 (des nombres).*	Aperçu.

Suite du dialogue n° 1.

64	Il vous faut tenir à ce mouillage, coûte que coûte, dussiez-vous même couper votre mâture.	Aperçu.
65	Si vous venez à échouer où vous êtes, abandonnez promptement votre navire et sauvez-vous dans vos embarcations rendues insubmersibles (9).	Aperçu.
66	Tâchez de tenir sur vos ancres jusqu'à l'heure Q. J. V. V. S. Le jusant sera dans toute sa force et la mer vous abandonnera promptement, — appareillez alors et allez échouer dans l'endroit qui est à l'aire de vent Q. J. V. V. S.; surtout, dans cet échouage, conduisez-vous comme il est indiqué en pareil cas, dans le traité de sauvetage (9). — *Signaler d'abord l'heure et ensuite l'aire de vent où se trouve l'endroit où doit se faire l'échouement.*	Aperçu.
67	Si vous chassez ou si vos chaînes cassent, mettez-vous au plein à l'aire de vent Q. J. V. V. S., en ayant soin de vous conformer aux instructions contenues dans le traité de sauvetage (9). — *Signaler ensuite l'aire de vent à laquelle le navire doit courir pour se mettre au plein.*	Aperçu.
68	Conservez des feux pour la nuit, afin que nous vous observions.	Aperçu.
69	On va à votre secours ; courage donc, et prenez les dispositions indiquées dans le traité de sauvetage (9) pour seconder les mesures que nous allons prendre.	Aperçu.
70	Je crois que vous ne m'avez pas compris et vais vous répéter mon signal ; attention donc. — *Répéter ensuite le signal qu'on a fait précédemment.*	Aperçu.
71	M'avez-vous bien compris ?	Oui. / Non.
72	Je m'adresse au navire en vue à l'aire de vent Q. J. V. V. S. — *Signaler cette aire de vent par la table n° 1.* N.-B. *Si ce signal est la suite de signaux faits à un navire avec lequel on est déjà en rapports, il signifie :* Signalez-moi par la table n° 4 la nature de votre cargaison.	*Dans ce cas, la réponse se fera par la table n° 4 (des cargaisons).*

(9) Voir l'abrégé du traité de sauvetage à la fin de cet ouvrage.

DIALOGUE N° 2.

Communications d'un navire avec la terre.

	Attention.		Aperçu.
1	Quel est le port en vue, dans l'aire de vent Q. J. V. V. S.	1	Nous allons vous l'indiquer après vous avoir signalé le n° de la table de localités, dans laquelle il se trouve.—*Signaler d'abord le n° de cette table,—puis le n° correspondant au port en vue dans ladite table.*
2	Quel est le port le plus voisin du lieu où vous êtes, dans quelle aire de vent et à quelle distance se trouve-t-il ?		*Signaler le n° du port le plus voisin par la table de localités, — puis par la table n° 1 l'aire de vent où il reste, — et enfin la distance en milles.*
3	A quelle heure sera-t-il pleine mer dans ce port ; combien y a-t-il monté d'eau à la dernière marée et quelle a été la durée de l'étale ?		*Signaler l'heure de la pleine mer, comme il est indiqué page 6, —puis le nombre de pieds d'eau qu'il a monté à la dernière marée, — et enfin la durée de l'étale.*
4	Combien estimez-vous qu'il montera d'eau aujourd'hui à l'entrée de ce port, quelle levée pensez-vous qu'il y aura, et quelle sera la durée présumée de l'étale ?		*Signaler d'abord le nombre de pieds d'eau que l'on présume qu'il montera, comme il est indiqué page 6, — puis la hauteur en pieds de la levée que l'on suppose qu'il y aura, — et enfin la durée présumée de l'étale.*
5	L'entrée de ce port est-elle dangereuse ?	2 **	Oui, il y a des dangers et je vais vous les signaler par la table des localités. Non.
6	Quel est le maximum du tirant d'eau avec lequel vous pensez qu'un navire puisse donner aujourd'hui dans ce port ? Quelle est la direction des courants à son entrée au moment de la pleine mer ?		*Signaler d'abord le plus grand tirant d'eau avec lequel un navire puisse entrer, — puis par la table n° 1 la direction des courants.*
7	Est-ce un port d'échouage ?	* **	Oui. Non.
8	Le fond y est-il dur ou mauvais pour un navire fin ?	* **	Oui. Non.
9	Y a-t-il un endroit où l'on puisse toujours rester à flot ?	3 **	Oui, il y a un endroit où il reste le nombre de pieds d'eau Q. J. V. V. S. — *Signaler ce nombre.* Non.
10	Y a-t-il des bassins à flot ?	*	Oui, il y a beaucoup de ressac, et c'est avec des vents de la partie Q. J. V. V. S. qu'il est le plus fort. — *Signaler ces vents par la table n° 1.*
11	Y a-t-il beaucoup de ressac, et de quels vents est-il le plus fort ?	**	Non.

Suite du dialogue n° 2.

12	Y a-t-il des signaux à l'entrée du port ?	
13	Y a-t-il un service de pilotage organisé ?	Oui.
14	Peut-on y avoir des remorqueurs, et s'y procurer des secours ?	Non.
15	Peut-on s'y réparer et s'y ravitailler ?	

16 Connaissez-vous une bonne rade ou un bon mouillage aux environs ?

4 Oui, et je vais vous indiquer dans quelle aire de vent et à quelle distance elle (ou il) reste. —*Signaler d'abord l'aire de vent, —puis la distance estimée en milles où elle (ou il) reste.*
Non.

17 De ces marées, comment porte le flot sur cette côte, et avec quelle vitesse court-il ?

Signaler d'abord par la table n° 1 dans quelle aire de vent porte le flot,—puis la vitesse avec laquelle il court.

18 De ces marées, comment porte le jusant sur cette côte et avec quelle vitesse court-il ?

Signaler d'abord par la table n° 1 l'aire de vent dans laquelle porte le jusant,—puis sa vitesse.

19 Comment nommez-vous le point qui me reste dans l'aire de vent Q. J. V. V S. — *Signaler par la table n° 1 l'aire de vent dans laquelle reste du navire le point qu'on veut indiquer.*

Voir quel peut être ce point, puis le faire connaître par la table de localités.

20 Quels sont les coups de vent le plus à craindre dans ces parages ?

Signaler par la table n° 1 quels sont les coups de vent le plus à craindre.

5 Courez au large pour la nuit.
6 Louvoyez à petit bord sous la terre jusqu'au jour.
7 Mouillez où vous êtes.
8 Gouvernez à l'aire de vent Q. J. V. V. S.; quand vous trouverez le brassiage Q. J. V. V. S. et releverez l'objet Q. J. V. V. S. à l'aire de vent Q. J. V. V. S., mouillez.

21 Que me conseillez-vous de faire avec cette apparence de temps ?

Signaler d'abord par la table n° 1 l'aire de vent à laquelle doit gouverner le navire,— puis le nombre de brasses d'eau qu'il doit trouver au mouillage indiqué, — puis, par la table de localités, le nom de l'objet qu'il doit relever, — puis enfin par la table n° 1 l'aire de vent à laquelle il doit relever cet objet.

22 Signalez-moi le point le moins dangereux où je puisse me mettre au plein, si je suis malheureusement contraint de faire côte.

Signaler par la table de localités le point le moins dangereux en cas de naufrage.

Suite du dialogue n° 2.

23	Signalez-moi par la table n° 1 de quelle nature est cette côte ?		*Signaler par la table n° 1 de quelle nature est le fond sur la côte.*
24	Si j'ai le malheur de naufrager, puis-je espérer de trouver des secours sur cette côte ?	* **	Oui. Non.
25	Tâchez de m'envoyer les objets Q. J. V. V. S. par la table dont J. V. V. S. le n°. — *Signaler d'abord le n° de la table, —puis ensuite les objets dont on a besoin.*	9 10 11	On va vous les envoyer. On ne peut vous envoyer que ceux qu'on va vous signaler par la table n° 2. On ne peut vous les envoyer.
26	Tâchez de m'envoyer les vivres Q. J. V. V. S. par la table n° 6. — *Signaler les vivres dont on a besoin.*		Aperçu.
27	Tâchez de m'envoyer les médicaments Q. J. V. V. S. par la table n° 6.— *Signaler ces médicaments.*		Aperçu.
28	J'ai de graves avaries et vais vous les faire connaître par la table dont J. V. V. S. le n°. — *Signaler d'abord le n° de la table, —puis les avaries.*		Aperçu.
29	J'ai perdu les objets Q. J. V. V. S. par la table dont J. V. V. S. le n°.—*Signaler d'abord le n° de la table, — puis les objets perdus.*		Aperçu.
30	J'ai cassé les objets Q. J. V. V. S. par la table dont J. V. V. S. le n°.—*Signaler d'abord le n° de la table, — puis les objets brisés.*		Aperçu.
31	J'ai une voie d'eau dangereuse que je ne puis qu'avec peine entretenir.		Aperçu.
32	Mon équipage est tellement épuisé de fatigues, qu'il ne peut plus pomper et l'eau me gagne; je vais donc couler si on ne vient à mon secours.	12 13 14 15	On va vous envoyer du renfort, courage donc ! On fait tout ce qu'on peut pour vous envoyer du monde. Courez au plein pour sauver au moins votre équipage, car on ne peut vous envoyer de secours. Abandonnez dans vos embarcations, rendues insubmersibles, car on ne peut vous envoyer de secours.
33	J'ai une voie d'eau que je ne puis franchir et vais couler si on ne m'envoie de prompts secours.		Aperçu.

Suite du dialogue n° 2.

34	J'ai perdu ma seconde ancre et sa chaîne, envoyez-m'en une du poids en livres Q. J. V. V. S. — *Signaler ce poids en livres.*	16	On va vous envoyer ce que vous demandez.
		17	On fait tout ce qu'on peut pour vous envoyer ce que vous demandez.
35	J'ai perdu ma grande ancre et sa chaîne, envoyez m'en une du poids en livres Q. J, V. V. S.	18	On ne peut vous envoyer rien de ce que vous demandez.
		19	Un vapeur chauffe pour aller à votre secours.
36	J'ai perdu mes ancres et mes chaînes et ne puis mouiller.	20	Tenez bon en louvoyant, nous vous envoyons une gabarre, vous porter d'autres ancres et d'autres chaînes. Dans ce cas, voyez ce que vous avez de mieux à faire ; — tenez tant que vous pourrez, ou tentez d'entrer à l'heure Q. J. V. V. S., si vous ne tirez pas plus d'eau que le nombre de pieds Q. J. V. V. S., ou bien enfin mettez-vous au plein, à l'aire de vent Q. J. V. V. S. *Signaler d'abord l'heure, — puis le tirant d'eau convenable pour entrer, — puis enfin l'aire de vent.*
		21	Comptez-y.
		22	Si vous pouvez tenir à ce mouillage jusqu'à l'heure Q. J. V. V. S., vous pourrez franchir tous les dangers et entrer au port Q. J. V. V. S. par la table de localités, lequel est dans l'aire de vent Q. J. V. V. S. *Signaler d'abord l'heure, — puis le nom du port, — puis enfin par la table n° 1 l'aire de vent où il reste.*
37	Je ne vois que dangers partout, je vais mouiller, et tenir où je suis, coûte que coûte, — allumez-moi deux feux l'un par l'autre, afin que je puisse m'apercevoir si je chasse.	23	Si vos chaînes tiennent, restez à ce mouillage jusqu'à l'heure Q. J. V. V. S.; vous aurez alors de l'eau pour passer sur ces dangers ; filez vos chaînes par le bout et venez au plein à l'aire de vent Q. J. V. V. S. *Signaler d'abord l'heure, — puis l'aire de vent.*
		24	Tenez où vous êtes, coûte que coûte, dussiez-vous couper votre mâture.
		25	Il vous faut à tout prix vous retirer du mouillage où vous êtes, car à la basse mer votre navire y défoncerait. — Rendez donc vos embarcations insubmersibles et tenez-les parées à abandonner. — Appareillez

Suite du dialogue n° 2.

38 | Ma grande chaîne vient de casser et je ne tiens plus que sur ma seconde, envoyez-m'en donc vite une autre, du diamètre en lignes Q. J. V. V. S. — *Signaler en lignes le diamètre de la chaîne que l'on demande.*

39 | Ma seconde chaîne vient de casser et je ne tiens plus que sur ma maîtresse chaîne, envoyez-m'en donc vite une autre, du diamètre en lignes Q. J. V. V. S. — *Signaler ce diamètre en lignes.*

40 | Mes chaînes viennent de casser, je vais en dérive et vais tâcher d'appareiller pour vous donner le temps de m'envoyer des secours.

41 | Mes chaînes sont sur le bout et je continue à chasser, je dois bientôt toucher et vais me perdre si on ne vient à mon secours.

42 | Je suis contraint d'abandonner, signalez-moi le point vers lequel nous devons nous diriger, comme étant le moins dangereux d'atterrissage avec des embarcations.

alors et louvoyez au large tant que vous pourrez. Si vous venez à échouer, abandonnez promptement et dirigez-vous avec vos embarcations sur le point Q. J. V. V. S. par la table de localités. — *Signaler ce point.*

26 | Filez tant que vous pourrez de la chaîne qui vous reste ; étalinguez-en en même temps le bout au pied de votre mât de misaine, car nous ne pouvons vous envoyer une autre chaîne.

27 | Avant d'être à bout de touée, sur la chaîne qui vous reste, mouillez votre troisième ancre empennelée de votre quatrième et filez jusqu'à ce qu'elles travaillent toutes ensemble ; peut-être tiendrez-vous.

28 | Gagner du temps, c'est beaucoup en pareille circonstance. Faites donc tous vos efforts pour tenir où vous êtes, jusqu'à l'heure Q. J. V. V.S. ; alors vous pourrez appareiller pour le port Q. J. V. V. S. — *Signaler d'abord l'heure de l'appareillage, — puis le nom du port par la table de localités.*

29 | Coupez votre mâture s'il le faut, il vous faut tenir où vous êtes, coûte que coûte.

30 | On va faire tous les efforts possibles pour aller à votre secours.

31 | Comme on ne peut vous envoyer des secours, tâchez de tenir sous voile jusqu'à l'heure Q. J. V. V. S. — Si vous ne tirez que l'eau Q. J. V. V. S. vous pourrez alors tenter d'entrer. Dans le cas contraire, mettez-vous au plein à l'aire de vent Q. J. V. V. S.

32 | Puisque vous êtes dans une position si désespérée, il vous faut faire vos dispositions pour appareiller brusquement, et tenter, en vous dirigeant par les signaux qui vous seront faits, l'entrée du port Q. J. V. V. S. par la table de localités. — *Signaler ensuite le nom du port.*

Signaler par la table n° 1 l'aire de vent où reste le point le moins dangereux sur lequel les naufragés doivent se diriger.

Suite du dialogue n° 2.

43	Envoyez-moi un pilote, s'il vous plaît.	*	{	Oui.
44	Envoyez-moi un remorqueur, S. V. P.	53	{	On va tâcher de le faire.
45	Envoyez-moi un lamaneur, S. V. P.	54	{	On ne peut le faire.
46	Disposez, S. V. P., pour mon entrée, le nombre de hâleurs Q. J. V. V. S. — *Signaler le nombre de hâleurs qu'on veut avoir.*	35 / 34	{	On va le faire. / On ne peut le faire.
47	Disposez-moi des amarres pour mon entrée, car je n'en ai plus.	35	{	On va le faire..
48	Disposez-vous à envoyer un lamaneur me porter une amarre, si le vent vient à me refuser en entrant.	34	{	On ne peut le faire.
49	Disposez-vous à me lancer une ligne avec le porte-amarre, pour le cas où je manquerais l'entrée.	* / 56 / 37	{	Oui. / Nous n'avons pas de porte-amarre. / Il est impossible de le faire, c'est trop dangereux, attendez un pilote.
50	Indiquez-moi par la table de localités, si vous le pouvez, les amers pour entrer.	38 / 39 / 40	{	Prenez l'objet Q. J. V. V. S. par la table de localités, par celui Q. J. V. V. S. ensuite par la même table. / Prenez l'objet Q. J. V. V. S. par la table de localités, ouvert d'une voile à tribord de celui Q. J. V. V. S. ensuite par ladite table. / Prenez l'objet Q. J. V. V. S. par la table de localités ouvert d'une voile à basbord de celui Q. J. V. V. S. ensuite par ladite table.
51	Veillez à ce que rien ne gêne mon entrée au moment où je donnerai dedans.			Aperçu.
52	La personne que je vais vous nommer par l'alphabet habite-t-elle votre ville ? —*Nommer la personne par l'alphabet.*	* / 41 / **	{	Oui. / Je ne sais. / Non.
53	Priez la personne que je viens de vous nommer de venir à bord.			Aperçu.
54	Je vais vous signaler d'où je viens et par la table n° 4 la nature de ma cargaison;—j'ai une patente nette, informez-vous et dites-moi si je serais admis à la libre pratique, si j'entrais.	42 / 43 / 44	{	Vous serez admis à la libre pratique. / Vous ne serez admis qu'à la quarantaine d'observation. / Vous ne seriez pas admis.
55	Je vais vous signaler en pieds mon tirant d'eau, dites-moi si vous pensez que je puisse entrer de ces marées dans le port Q. V. M. S. —*Signaler en pieds le tirant d'eau de son navire.*	* / **	{	Oui. / Non.

Suite du dialogue n° 2,

56	Je vais vous signaler en pieds le tirant d'eau de mon navire, pensez-vous que je puisse encore entrer dans le port Q. V. M. S. — *Signaler en pieds le tirant d'eau de son navire.*	*	Oui.
		**	Non.
57	Je viens de donner un affreux coup de talon.	45	Venez sur tribord.
		46	Venez sur basbord.
		47	Gouvernez droit comme cela, vous parerez.
58	Mon gouvernail est démonté, et je suis contraint de mouiller.		Aperçu.

Renseignements divers sur la politique, le commerce et l'état du pays où l'on aborde.

59	Quelles sont les nouvelles politiques du pays ?	48	Les nouvelles sont à la paix.
		49	Les nouvelles sont à la guerre avec la nation Q. J. V. V. S. par la table n° 5.
		50	La guerre est déclarée avec la nation Q. J. V. V. S. par la table N° 5.
60	Quel est l'état sanitaire du pays ?	51	Bon.
		52	Assez bon.
		53	Mauvais, il y règne la maladie Q. J. V. V. S. par la table N° 6.
61	Le pays est-il tranquille ?	54	Oui, le pays est tranquille.
		55	Non, il y a une révolution, la royauté a été renversée et on a proclamé la République.
		56	Non, il y a une révolution, la République a été abolie pour faire place à la Monarchie.
		57	Non, l'Etat s'est érigé en Empire.
		58	Il y règne la terreur, les habitants s'égorgent et on ne respecte personne, les massacres sont à l'ordre du jour.
		59	Le consul de votre nation ne pouvant faire respecter ses nationaux, a amené son pavillon et est parti.
		60	La tranquillité commence à renaître.
62	Y a-t-il actuellement beaucoup de navires sans emploi dans ce port ?	*	Oui.
63	Y a-t-il besoin de navires dans ce port?	**	Non.
64	Le frêt y est-il abondant ?		

Suite du dialogue n° 2.

65	Donnez-moi, si vous le pouvez, le nom des ports pour lesquels il y a du frêt, et quel est le frêt au tonneau pour ces ports.		*Signaler d'abord le N° de la table où l'on doit prendre le nom du port, — puis le n° de ce port, — puis enfin la valeur du frêt au tonneau. (Il faut pour chaque port épuiser la question avant de passer à une autre.)*
66	Votre port est-il encombré de navires à ce point que si j'y entrais, un bâtiment comme celui que je commande n'y puisse trouver une bonne place ?	* / **	Oui. / Non.
67	Je vais, par la table n° 4, vous signaler la nature de mon chargement ; dites-moi si vous croyez qu'on pourrait vendre une pareille cargaison dans votre port. — *Signaler la nature de son chargement par la table n° 4.*	* / **	Oui. / Non.
68	Je vais vous donner, autant que je le pourrai, par la table n° 4, la composition de ma cargaison.		Aperçu. *Veiller à bien prendre dans la table N° 4 le nom des marchandises dont se compose la cargaison qui est signalée.*
69	Je crains de ne vous avoir pas bien compris, répétez-moi votre signal, je vous prie.		*Répéter le signal qu'on avait fait.*
70	M'avez-vous bien compris ?	* / **	Oui. / Non.
71	Je vois que vous ne me comprenez pas, et vais vous répéter mon signal, attention donc. — *Répéter son signal.*		Aperçu.
72	Je vais vous signaler par l'alphabet le nom de mon navire et le mien, puis par la table des ports, dont je vais vous faire connaître le n° (10), le nom de mon port d'armement, le port d'où je viens et celui où je vais. Je vous indiquerai ensuite la durée de ma traversée, et par la table n° 4 la nature de ma cargaison. Ayez la complaisance de faire insérer tous ces renseignements dans le journal de votre localité, dont je vous prie d'en-	21 / 62	Comptez-y. / Nous n'avons pas de journaux, mais nous allons écrire tout ce que vous nous signalez à votre armateur.

(10) Il ne faut pas oublier que lorsqu'un endroit n'est pas dans la table, il faut en donner le nom par l'alphabet, en se conformant, à cet égard, à ce qui a été dit page 7.

voyer un exemplaire à mon armateur que je vais vous nommer par l'alphabet. — *Il importe de bien observer l'ordre dans lequel ces divers renseignements sont classés, afin qu'en les signalant chacun d'eux conserve la place qu'il occupe dans la classification qui lui est propre.*

DIALOGUE N° 3

Communications entre la terre et un navire en vue.

Attention. *S'il y a plusieurs navires en vue, il importe de désigner celui auquel on s'adresse. — Pour ce faire, voir l'instruction, pages 4 & 5.*

Quand il y a plusieurs navires en vue, le signal qui suit l'attention est toujours celui qui désigne l'aire de vent dans laquelle reste du point d'où l'on fait les signaux le navire auquel on s'adresse.

1 Connaissez-vous le point de la côte sur lequel vous terrissez ? — Si vous ne le connaissez pas, je vais vous l'indiquer en vous signalant d'abord le n° de la table de localités où se trouve son nom, puis le n° du signal qui correspond à ce nom dans ladite table.

2 Etes-vous destiné pour ce port ? — *Si le signal était fait d'un point de la côte autre qu'un port, il voudrait dire : Etes-vous destiné pour le port le plus voisin Q. J. V. V. S. par la table de localités dont J. V. V. S. le n°. — Signaler le n° de la table de localités par laquelle on va faire connaître le nom du port qu'on veut indiquer, — puis le n° qui dans cette table correspond au port dont il s'agit.*

Oui.

Non.

3 Etes-vous pratique de ces parages ?

4 Votre navire est-il d'échouage ?

5 Votre navire a-t-il des qualités ? gouverne-t-il bien ? est-il fin voilier ?

6 Combien tirez-vous d'eau ?

Signaler le tirant d'eau en pieds comme il est indiqué page 6.

7 Signalez-nous votre différence, si vous en avez.

Signaler la différence en pieds, si on en a, comme il est indiqué page 6.

Suite du dialogue n° 3.

| 8 | Veillez à mes signaux. | · Aperçu. |

8 | Veillez à mes signaux. | · Aperçu.

9 | C'est de l'entrée du port dont je vous signalerai le n°, dès que je vous aurai signalé celui de la table de localités dans laquelle il se trouve, que je vous fais ces signaux. — *Signaler le nom de ce port, comme il est indiqué signal 2.* | Aperçu.

10 | Le port qui donne son nom à cette localité est par rapport à nous dans l'aire de vent Q. J. V. V. S. par la table n° 1, et à la distance en milles Q. J. V. V. S.— *Signaler d'abord par la table n° 1 l'aire de vent où reste du point signalant le port dont il s'agit, — puis la distance en milles comme il a été indiqué page 6.* | Aperçu.

11 | Je vais vous signaler l'heure de la pleine mer et le nombre de pieds d'eau que je présume qu'il montera aujourd'hui dans le port Q. J. V. V. S. *(Si l'on avait déjà signalé le nom du port dont il s'agit, ce signal voudrait dire Q. J. V. ai signalé).* — *Commencer par signaler l'heure de la pleine mer, comme il est indiqué page 6, — puis le nombre de pieds d'eau qu'on présume qu'il montera à la marée, en prenant en considération l'époque de la lune, la force et la direction du vent.* | Aperçu.

12 | Vous ne pouvez entrer de ces marées et ne pourrez le faire que dans le nombre de jours Q. J. V. V. S. — *Signaler le nombre de jours pendant lesquels le navire doit attendre avant d'entrer dans le port dont il s'agit.* | Aperçu.

13 | Vous tirez trop d'eau pour entrer dans ce port, il faut vous diriger vers celui Q. J. V. V. S. par la table de localités dont J. V. V. S. le n°. *(Si on avait déjà signalé le n° de cette table, le signal voudrait dire seulement par la table de localités Q. J. V. ai S.)* — *Commencer par signaler le n° de la table de localités dans lequel se trouve le nom du port que l'on veut indiquer, — puis le n° du signal qui dans cette table correspond à ce port.* | Aperçu.

14 | Gouvernez jusqu'à nouvel ordre, à l'aire de vent Q. J. V. V. S. — *Signaler ensuite cette aire de vent par la table n° 1.* | Aperçu.

Suite du dialogue n° 3.

15	Ramenez l'un par l'autre.	L'objet Q. J. V. V. S. par la table des localités dont J. V. V. S. le n° par celui Q. J. V. V. S. ensuite par ladite table. *(Si l'on avait déjà précédemment signalé le n° de la table de localités dont il s'agit, le signal voudrait seulement dire :* par la table de localités. — *Signaler ensuite les deux objets à indiquer.*	Aperçu.
16	Ouvrez d'une voile à tribord.		
17	Ouvrez d'une voile à basbord.		
18	Gouvernez à l'aire de vent Q. J. V. V. S. par la table n° 1, jusqu'à ce que vous releviez à l'aire de vent que Q. J. V. V. S. par la table n° 1, l'objet Q. J. V. V. S. par la table de localité dont J. V. V. S. le n° (ou dont J. V. ai S. le n°). — *Signaler d'abord par la table n° 1 l'aire de vent àlaquelle le navire doit gouverner, — puis par la même table l'aire de vent à laquelle on doit relever à bord du navire l'objet que l'on veut indiquer, — puis le n° de la table de localités, si on ne l'avait déjà fait, — puis enfin le n° du signal qui dans cette table correspond à l'objet en question.*	Aperçu.
19	Réglez vos mouvements sur ceux du mât de signal. — S'il incline à droite, venez sur tribord ; — S'il incline à gauche, venez sur basbord ; — Si le mouvement du bras est brusque et que ce bras prenne la position horizontale, venez brusquement sur le bord qu'il indique ; — Si par le contraire le mouvement d'inclinaison s'opère lentement, venez en rondissant sur le bord qu'il désigne, — mais dès qu'on redressera le bras, courez sur l'aire de vent où vous êtes arrivé jusqu'à nouvelle indication, — enfin si le bras décrit une demi-circonférence, et vient l'extrémité en bas, considérez-vous comme paré, le mât de signal a fini ses signaux.	Aperçu.
20	Forcez de voile.		Aperçu.
21	Diminuez de toile.		Aperçu.
22	Embardez d'un bord sur l'autre pour laisser monter l'eau.		Aperçu.

Suite du dialogue n° 3.

23	Mettez en panne tribord amures.	Aperçu.
24	Mettez en panne basbord amures.	Aperçu.
25	Laissez arriver.	Aperçu.
26	Serrez vos petites voiles.	Aperçu.
27	Serrez votre grand'voile.	Aperçu.
28	Mettez vos ancres en veille et prenez sur vos chaînes des bitures du nombre de brasses Q. J. V. V. S. — *Signaler le nombre de brasses de biture qu'il faut prendre, comme il est indiqué page 6.*	Aperçu.
29	Ayez soin d'avoir de bons orins et de bonnes bouées sur vos ancres.	Aperçu.
30	Etalinguez et mettez en veille derrière votre troisième ancre, afin d'être paré à la mouiller au besoin.	Aperçu.
31	Disposez vos plus fortes amares et préparez-en aussi de légères, afin de les élonger plus facilement au besoin. — Parez vos embarcations de manière à les mettre promptement à la mer, — mettez vos ancres en veille, — prenez une biture sur chacune de vos chaînes du nombre de brasses Q. J. V. V. S., et soyez prêt à mouiller promptement si on vous le signale, ou si le vent vous refusant à l'entrée vous la manquiez sans pouvoir prendre sur l'autre bord. — Si vous êtes contraint de mouiller, carguez et étouffez toutes vos voiles le plus promptement que vous le pourrez. — Enfin, disposez vos défenses de manière à ce qu'elles puissent, au besoin, être mises promptement sous le vent, si vous entrez. — *Signaler ensuite le nombre de brasses de biture à prendre, comme il est indiqué page 6.*	Aperçu.
32	Disposez un croupiat par tribord et frappez-le tout paré sur votre ancre d'appareillage.	Aperçu.
33	Disposez un croupiat par basbord et frappez-le tout paré sur votre ancre d'appareillage.	Aperçu.

Suite du dialogue n° 3.

34	Si le vent vous refuse à l'entrée, tâchez de prendre la bordée du large, et si vous craignez de manquer à virer vent devant, ayez une ancre à jet parée à mouiller pour assurer votre évolution.	Aperçu.

35 · Si le vent vous refuse en entrant, ne perdez pas un moment pour mouiller. — Envoyez aussitôt le bout de votre amarre légère à terre à l'endroit le plus convenable (ou à celui qu'on vous indiquera), — pendant qu'une partie de vos gens s'occuperont de ce soin, faites carguer et, s'il est possible, serrer promptement vos voiles. — Dès que votre forte amarre aura le bout amarré à terre et que vous vous apercevrez qu'en hâlant dessus vous commencez à faire courir votre navire de l'avant, virez sur votre chaîne et avisez-nous quand vous serez à pic, en hissant un ballon à votre grand mât; — gardez-le hissé jusqu'à ce que vous soyez dérappé, mais amenez-le dès que votre ancre aura quitté le fond, afin que nous soyons avertis que nous pouvons agir sur votre amarre. — Mettez promptement alors votre ancre à l'écubier, caponnez-la même pour pouvoir prendre une autre biture, et être prêt à mouiller de nouveau si votre amarre vient à casser.

Aperçu. — S'il n'y avait pas de hâleurs sur l'amarre, il est tout naturel que le capitaine de navire devrait se comporter selon la circonstance, et le signal n'irait pas plus loin.

36 · Comme vous ne pouvez entrer que dans quelques jours, il faut vous aller mettre dans un bon mouillage, — gouvernez donc à l'aire de vent Q. J. V. V. S. jusqu'à ce que vous releviez à l'aire de vent Q. J. V. V. S. par la table n° 1 l'objet Q. J. V. V. S. par la table de localités, dont J. V. V. S. le n°. — Quand vous trouverez le nombre de brasses Q. J. V. V. S. et le fond Q. J. V. V. S. ensuite, par la table N° 1, mouillez. — *Signaler par la table N° 1 l'aire de vent à laquelle le navire doit gouverner, — puis l'aire de vent à laquelle il doit relever l'objet qu'on veut lui indiquer, — puis le n° de la table de localités, — puis le n° du signal correspondant à l'objet en question dans cette table,*

Aperçu.

Suite du dialogue n° 3.

	—puis, comme il est indiqué page 6, le nombre de brasses d'eau qu'il doit aller chercher, — puis enfin par la table n° 1 la nature du fond qu'il doit y trouver. .	
37	Préparez-vous à mouiller.	Aperçu.
38	Faites penaud.	Aperçu.
39	Mouillez.	Aperçu.
40	Affourchez-vous comme on va vous le signaler par la table N° 1. — *Signaler ensuite par la table N° 1 les deux rhumbs de vents suivant lesquels le navire doit s'affourcher.*	Aperçu.
41	Défiez-vous du flot, il porte dans l'aire de vent Q. J. V. V. S. — *Signaler ensuite par la table N° 1 l'aire de vent dans laquelle porte le flot.*	Aperçu.
42	Défiez-vous du jusant, il porte dans l'aire de vent Q. J. V. V. S. — *Signaler de la même manière l'aire de vent dans laquelle porte le jusant.*	Aperçu.
43	Défiez-vous du courant, il porte dans l'aire de vent Q. J. V. V. S. — *Signaler aussi cette aire de vent par la table N° 1 & de la même manière.*	Aperçu.
44	Avez-vous des avaries ?	1 — J'ai dans ma coque les avaries Q. J. V. V. S. par la table N° 2. — *Signaler par cette table les avaries que l'on a.* 2 — J'ai dans ma mâture les avaries Q. J. V. V. S. par la table N° 3. — *Signaler par cette table les avaries que l'on a.* 3 — J'ai dans mon grécment les avaries Q. J. V. V. S. par la table N° 3. — *Signaler par cette même table les avaries que l'on a dans son gréement.* 4 — J'ai dans ma voilure les avaries Q. J. V. V. S. par la table N° 3. — *Signaler par cette table les avaries que l'on a dans sa voilure.* 5 — J'ai des avaries dans les objets sur

Suite du dialogue n° 3.

44	Avez-vous des avaries ?	**	le pont Q. J. V. V. S. par la table N° 2. — *Donner par la table N° 2 le nom des objets d'armement sur le pont qui sont avariés, — enfin si l'on n'a pas d'avaries à signaler, répondre :* Non. *N. B. Si au lieu d'avoir à signaler de simples avaries on avait à faire connaître que les objets qu'on veut désigner sont cassés ou hors de service, il faudrait, après le signal d'aperçu de l'interrogateur, amener son signal à mi-mât et le rehisser ensuite.*
45	Voulez-vous un pilote ?	*	Oui.
46	Voulez-vous un remorqueur ?	**	Non.
47	Avez-vous besoin de secours ? Indiquez-les nous.	6	Oui, envoyez-moi ceux Q. J. V. V. S. par la table dont J. V. V. S. le numéro. — *Signaler le numéro de la table dans laquelle se trouvent compris les noms des objets dont on a besoin. Si l'on avait besoin d'objets à désigner par les deux tables N°s 2 et 3, on commencerait par signaler ceux qu'on aurait à désigner par la table N° 2, — puis on hisserait de nouveau le signal N° 6 — et après l'aperçu on signalerait par la table N° 3. — Si l'on a besoin de rien, on répond :* Non.

Avis divers pendant un coup de vent.

48	Si par malheur vous étiez contraint de faire côte, tâchez de le faire dans l'endroit Q. J. V. V. S. par la table de localités, et conduisez-vous comme il est indiqué par l'instruction sur les naufrages. *—Signaler par la table de localités l'endroit où le naufrage serait le moins désastreux.*	
49	Dans la prévision d'un malheur possible, si vous n'avez pas de moyens de sauvetage organisés, vous ferez bien d'en disposer, ceux par exemple qui sont indiqués par l'instruction sur les sauvetages.	Aperçu.
50	Nous allons vous envoyer des secours, disposez-vous à seconder nos efforts.	

Suite du dialogue n° 3.

Renseignements sur un navire et sa navigation.

51	Comment se nomme votre navire ?		*Donner ces noms par l'alphabet.*
52	Quel est votre nom, capitaine ?		
53	A quel port appartient votre navire ?		*Signaler d'abord le numéro de la table des ports dans laquelle se trouve le nom de ce port, et signaler ensuite le numéro qui lui est affecté dans cette table. — Dans le cas où il ne serait pas compris dans les tables, le signaler par l'alphabet.*
54	D'où venez-vous ?		
55	Où allez-vous ?		
56	Quelle est votre nation ?		*Indiquer le nom de sa nation par la table N° 8.*
57	Combien avez-vous de jours de traversée ?		*Signaler le nombre de jours de sa traversée, comme il est indiqué page 5.*

Renseignements sanitaires.

58	Avez-vous une patente ? et comment est-elle ?	7	Oui, elle est brute.
		8	Oui, elle est nette.
59	Avez-vous perdu du monde pendant votre traversée ?	9	Oui, mais par accident.
		10	Oui, par la maladie Q. J. V. V. S. par la table N° 6.
		**	Non, Dieu merci.
60	Avez-vous du monde sur les cadres ? — Quelle est leur maladie ?	11	Oui, le nombre de personnes Q. J. V. V. S. atteintes de la maladie Q. J. V. V. S.—*Signaler d'abord le nombre de ses malades, puis leur maladie par la table N° 6, ou :* Non, Dieu merci.
61	Avez-vous besoin d'un chirurgien et de médicaments pour soigner vos malades?	*	Oui.
		**	Non.

Questions sur les besoins généraux d'un navire et sur sa navigation.

62	Avez-vous besoin de vivres ?	12	Oui, j'ai besoin des vivres Q. J. V. V. S. par la table N° 6. — *Les sigaler ensuite.* Non.
63	Avez-vous besoin d'objets d'armement ?	13	Oui, ceux Q. J. V. V. S. par la table dont je vais d'abord vous signaler le numéro — *Signaler d'abord le numéro de la table dans laquelle se trouve le nom des objets à indiquer, — puis les numéros correspondant aux noms de ces objets. — Si on n'a besoin de rien, répondre :*
		**	Non.
64	Indiquez-moi par la table N° 4 quelle est la nature de votre cargaison ?		*Indiquer la nature de sa cargaison par la table N° 4.*

Suite du dialogue n° 3.
Questions et avis divers.

65	Voulez-vous entrer ?	Oui. Non.
66	Si vous avez un correspondant dans ce port, voulez-vous me le nommer ?	*Donner le nom de ce correspondant par l'alphabet.*
67	Vous ferez bien de courir au large pour la nuit, car le temps menace.	Aperçu.
68	Prenez vos précautions contre le mauvais temps.	
69	Si le temps devenait sérieusement mauvais, il faudrait faire tous vos efforts pour entrer.	
70	M'avez-vous bien compris ? — Si vous m'avez compris, répétez mon signal.	Oui. — *Et répéter le signal fait par l'interrogateur.*
71	Je crois que vous ne me comprenez pas, et je vais vous répéter mon signal. — *Recommencer ensuite le signal qu'on avait précédemment fait.*	
72	Nous allons vous signaler la quantité d'eau qu'il a monté aujourd'hui dans ce port, — et combien a duré la dernière étale. — *Signaler comme il est dit page 6, le nombre de pieds d'écu qu'il a monté dans le port dont il s'agit, et de la même manière la durée de l'étale.* *Si ces signaux n'étaient pas faits de l'entrée d'un port, ce signal voudrait dire :* Nous allons vous signaler, etc., à l'entrée du port le plus voisin. (1)	Aperçu.

APPENDICE AU DIALOGUE N° 3.
D'un bateau pilote à un navire terrissant.

Le même dialogue peut servir avec quelques variantes, entre un bateau pilote et un navire terrissant; dans ce cas les signaux 14, 15, 16, 17, 18 et 19 n'auraient aucune application, ils sont donc remplacés par les ordres suivants :

14	Suivez-moi beaupré sur poupe.	Aperçu.
15	Mettez en panne pour que je puisse jeter un homme à votre bord.	
16	Mettez en travers pour que je puisse vous atteindre.	
17	Comme vous ne pouvez pas entrer au-	

(1) Si cet ouvrage n'avait pas été un essai pour les expériences au port de Dunkerque, nous aurions donné une 2ᵐᵉ signification aux signaux 41, 42 et 72, qui dans une mer méditérannéenne n'en ont pas.

Suite de l'appendice du dialogue n° 8.

	jourd'hui dans ce port, je vais vous con- duire à un bon mouillage.
18	Filez une bonne amarre derrière pour que ma chaloupe, la saisissant, puisse se hâler à votre bord.
19	Conservons des feux pendant la nuit pour savoir où nous sommes. *Il en est de même du signal N° 36, —* *il faut le remplacer par le N° 36' qui* *voudra dire :*
36'	Envoyez-moi une de vos embarcations prendre le pilote que je vous destine.

Aperçu.

TABLES DE NAVIGATION.

TABLE N° 1.

Des vents, des fonds, des dangers et des températures.

DES VENTS.

1	NORD		17	SUD
2	N 1/4 N E		18	S 1/4 S O
3	N N E		19	S S O
4	N E 1/4 N		20	S O 1/4 S
5	N E		21	S O
6	N E 1/4 E		22	S O 1/4 O
7	E N E		23	O S O
8	E 1/4 N E		24	O 1/4 S O
9	EST		25	OUEST
10	E 1/4 S E		26	O 1/4 N O
11	E S E		27	O N O
12	S E 1/4 E		28	N O 1/4 O
13	S E		29	N N O
14	S E 1/4 S		30	N O 1/4 N
15	S S E		31	N N O
16	S 1/4 S E		32	N 1/4 N O

Des fonds.

33	Roches.		39	Sable avec pointes d'alênes.
34	Petites pierres.		40	Vase.
35	Gros gravier.		41	Sable vasard.
36	Corail.		42	Herbier.
37	Coquilles brisées.		43	Bonne tenue.
38	Sable.		44	Mauvaise tenue (ou pas de fond).

Suite de la table n° 1.

Dangers.

45	Roches sous l'eau.	53	Glaces flottantes.
46	Banc de sable dangereux.	54	Glaçons.
47	Batture dangereuse (ou récifs.)	55	Courants dangereux.
48	Banc de vase.	56	Ras.
49	Bas-fond.	57	Ras de marée.
50	Banc qui couvre et découvre.	58	Remoux dangereux.
51	Sables mouvants.	59	Entonnoirs.
52	Banquise.		

Températures.

60	Très-chaud.	67	Pluvieux (ou nébuleux).
61	Chaud.	68	Brumeux.
62	Tempéré.	69	Orageux.
63	Froid.	70	Mauvais temps.
64	Gelée.	71	Tempête.
65	Glacial.	72	Ouragan (ou tournados.)
66	Beau temps (ou temps clair.)		

TABLE N° 2.

De objets d'armement sur le pont, instruments nautiques et outils.

Parties diverses de la coque.

1	Œuvres mortes.	4	Etrave (ou guibre)
2	Œuvres vives.	5	Couronnement (ou tableau).
3	Pavois.		

Objets appartenant à la coque.

6	Gouvernail.	12	Pompes.
7	Roue de gouvernail.	13	Cuisine (ou cambuse).
8	Barre de gouvernail.	14	Capot de chambre.
9	Drosse de gouvernail.	15	Habitacle.
10	Cabestan.	16	Drôme.
11	Guindeau.	17	Pièces à eau.

Embarcations.

18	Chaloupe.	20	Yole (ou porte-manteau).
19	Grand canot.	21	Embarcations.

Ancres.

22	Ancre de bossoir.	23	Ancre à jet.

Chaînes.

24	Chaîne-cable de la grosseur à signaler.	25	Chaînes de manœuvres.

Objets de la timonnerie.

26	Compas de route.	28	Sabliers de 1/2 minute.
27	Bateau et ligne de lock.		

Suite de la table n° 2.

Objets divers sur le pont.

29	Barillages et objets divers.	30	Cages à poules.

Amarres.

31	Câbles.	34	Pièces de manœuvres de la grosseur à désigner en pouces.
32	Grelins.		
33	Aussières.	35	Quaranthunier, ligne et ligne d'amarrage
		36	Bitord et fil de caret.

Articles du maître.

37	Poulie simple,) de la grosseur	41	Epissoir.
38	Id. double, } à désigner en	42	Cosses du diamètre à signaler en pouces.
39	Id. triple, } pouces.		
40	Id. coupée,)		

Article du charpentier.

43	Hâche.	50	Chevilles de la grosseur à désigner.
44	Herminette (ou tille).	51	Clous de la longueur à désigner.
45	Marteau.	52	Pointes id. id.
46	Ciseau. — *Si le signal est amené et rehissé de suite, cela veut dire :* ciseau à froid.	53	Bordages en chêne de l'épaisseur à signaler en pouces.
47	Rabot (ou verloppe).	54	Planches de sap de id. id.
48	Vrille de la grosseur à désigner.	55	Espars du diamètre à désigner.
49	Tarière (ou terrelle).		

Articles du calfat.

57	Fer simple.	62	Goudron.
58	Fer double.	63	Cuir à pompes et à clapet.
59	Maillet.	64	Clous à pompes et à maugères.
60	Brai.	65	Garniture de pompe de rechange.
61	Guipon.		

Instruments nautiques.

66	Cercle, sextant, ou octant.	70	Longue-vue.
67	Carte de l'endroit à désigner par l'alp.	71	Compas à pointe.
68	Chronomètre.	72	Encre, plumes et papier.
69	Baromètre et thermomètre.		

TABLE N° 3.
De la mâture, du gréement, de la voilure.

Mâture.

1	Grand mât.	7	Mât de perroquet de fougue.
2	Mât de misaine.	8	Grand mât de perroquet.
3	Mât d'artimon (ou de tape-cul).	9	Petit mât de perroquet.
4	Mât de beaupré (ou bout-d'hors dans certains navires).	10	Mât de perruche. .
		11	Bout-d'hors de foc.
5	Grand mât d'hune.	12	Mât de flèche.
6	Petit mât de hune.		

Suite de la table n° 3.
Vergues.

13	Grand'vergue.	20	Vergue de petit perroquet.
14	Vergue de misaine.	21	Vergue de perruche.
15	Vergue barrée (ou vergue sèche).	22	Vergue de fortune.
16	Vergue du grand hunier.	23	Corne (ou pic).
17	Vergue du petit hunier.	24	Gui (ou beaume).
18	Vergue de perroquet de fougue.	25	Taugon.
19	Vergue de grand perroquet.	26	Bout-d'hors de bonnette.

Gréement.

27	Grand étay.	38	Haubans du grand mât de hune.
28	Etay de misaine.	39	Haubans du petit mât de hune.
29	Etay d'artimon.	40	Haubans du mât de perroquet de fougue.
30	Etay du grand mât de hune.	41	Cal-haubans du grand mât de hune.
31	Etay du petit mât de hune.	42	Cal-haubans du petit mât de hune.
32	Etay du mât de perroquet de fougue.	43	Cal-haubans du mât de perroquet de fougue.
33	Grande sous-barbe.		
34	Fausse sous-barbe.	44	Haubans de beaupré.
35	Grands haubans.	45	Barbejean.
36	Haubans de misaine.	46	Manœuvres courantes.
37	Haubans d'artimon.		

Voilure.

47	Grand'voile.	58	Brigantine (ou artimon). (Cette voile aussi dans un sloop ou une goëlette se nomme grand voile.)
48	Misaine.		
49	Grand hunier.		
50	Petit hunier.	59	Goëlette.
51	Perroquet de fougue.	60	Benjamine.
52	Grand perroquet.	61	Bonnette basse.
53	Petit perroquet.	62	Bonnette d'hune.
54	Perruche.	63	Fortune.
55	Petit foc.	64	Voile d'étay.
56	Grand foc.	65	Flèche en cul.
57	Clin foc.		

Tamisaille.

66	Pavillon national.	68	Flamme.
67	Pavillon de signaux.		

Objets de réparation et de rechange.

69	Toile à voile.	71	Ralingues et cosses.
70	Fil, aiguille, paumelle, etc.	72	Tente.

N.-B. — Comme cette table qui fait le complément de l'autre doit être bien distinguée, il faut avoir grand soin, quand on veut s'en servir, d'en hisser le numéro d'abord.

TABLE N° 4.

Des marchandises dont se composent ordinairement les cargaisons des navires du commerce.

1	Alisaris.		37	Huile d'olive.
2	Animaux vivants.		38	Huile de Spermaceti.
3	Arachides.		39	Laine.
4	Beurre.		40	Légumes secs.
5	Blé à désigner. (1)		41	Légumes verts.
6	Bois à brûler.		42	Maquereaux.
7	Bois de construction.		43	Marbre.
8	Bois d'ébénisterie.		44	Minerai à désigner. (4)
9	Bois de mâture.		45	Morphile.
10	Bois de merrains.		46	Morue.
11	Bois de teinture.		47	Munitions de bouche.
12	Bois de sap.		48	Munitions de guerre.
13	Cacao.		49	Oranges et citrons.
14	Café.		50	Oranges.
15	Cidre.		51	Passagers.
16	Comestibles.		52	Peaux (ou cuirs).
17	Coton.		53	Plomb.
18	Cuivre.		54	Poivre.
19	Cuivre en feuilles.		55	Rhum (ou tafia.)
20	Epiceries à désigner. (1)		56	Salaison.
21	Esprit à désigner. (2)		57	Salpêtre.
22	Etain.		58	Savon.
23	Fanons.		59	Sel.
24	Fer.		60	Spiritueux à désigner.
25	Fonte.		61	Soude (ou potasse.)
26	Fruits secs.		62	Soufre.
27	Fruits verts.		63	Sucre.
28	Garance.		64	Tabac.
29	Guano.		65	Thé.
30	Graine oléagineuse à désigner. (3)		66	Tissus.
31	Graisse, à désigner. (3)		67	Troupes.
32	Harengs.		68	Vin.
33	Houille (ou charbon de terre.)		69	Vin et eau-de-vie.
34	Huile de baleine.		70	Vinaigre.
35	Huile de fabriques.		71	Vivres.
36	Huile de Palme.		72	Zinc.

---

(1) On indique l'espèce des blés et épiceries par l'alphabet.

(2) Esprit à désigner par l'alphabet.

(3) On indique l'espèce de ces graines par l'alphabet.

(4) On indique aussi ce minerai par l'alphabet.

TABLE N° 5.

Diverses sortes des navires dont se servent les peuples navigateurs, soit pour la guerre,
SOIT POUR LE COMMERCE.

Navires de guerre à voiles.

1	Vaisseau.		9	Cotre.
2	Frégate		10	Canonnière.
3	Corvette.		11	Bombarde.
4	Brick 1er rang.		12	Péniche.
5	Brick-aviso.		13	Chebec.
6	Brick-goëlette.		14	Tartanne.
7	Goëlette.		15	Balancelle.
8	Lougre.		16	Canot armé.

Navires de guerre à vapeur.

17	Vaisseau mixte.		21	Frégate à roues.
18	Frégate à hélice.		22	Corvette à roues.
19	Corvette à hélice.		23	Aviso à roues de la force à désigner.(1)
20	Aviso de la force en chevaux à désigner(1)			

Navires non armés.

24   Transport.

Réunion de navires de guerre.

25	Armée navale.		27	Division.
26	Escadre.		28	Escadrille.

Réunion de navires du commerce.

29   Convois.

Navires du commerce à voiles.

30	Trois mâts.		36	Galiotte.
31	Brick.		37	Lougre (bisquine ou chasse-marée.)
32	Brick-goëlette.		38	Chebec.
33	Goëlette.		39	Tartanne.
34	Sloop (ou dandys).		40	Balancelle.
35	Galéasse (dogre ou bombarde).			

Navires du commerce à vapeur.

41	Vapeur à hélice de la force à désigner.(1)		43	Vapeur mixte id. id.
42	Vapeur à roues id. id.			

Nations diverses.

47	Français.		51	Danois.
48	Anglais.		52	Suédois.
49	Américain.		53	Norwégien.
50	Russe.		54	Hollandais.

(1) On exprime la force de chevaux en nombre.

Suite de la table n° 5.

55	Belge.	64	Autrichien.
56	Prussien.	65	Napolitain.
57	Hanovrien.	66	Grec.
58	Villes Anséatiques.	67	Turc (ou ottoman).
59	Espagnol.	68	Egyptien.
60	Portugais.	69	Tunisien.
61	Piémontais..	70	Marocain.
62	Toscan.	71	Brésilien.
63	Romain.	72	De la nation à désigner. (1)

TABLE N° 6.

Des vivres, des maladies et des médicaments.

Vivres secs.

1	Farine.	13	Conserves alimentaires.
2	Pain frais.	14	Poisson frais à désigner. (2)
3	Biscuit.	15	Poisson salé — id.
4	Riz (ou gruau).	16	Pommes de terre.
5	Vermicel (ou pâte d'Italie).	17	Légumes verts à désigner. (2)
6	Moutons	18	Légumes secs id.
7	Cochons } vivants.	19	Fruits à désigner. (2)
8	Volailles	20	Epiceries id.
9	Bœuf salé.	21	Sucre.
10	Lard id.	22	Café.
11	Beurre (ou saindoux).	23	Thé.
12	Fromage.	24	Chocolat.

Vivres liquides.

25	Vin rouge ordinaire.	32	Cognac.
26	Vin id. à désigner. (2)	33	Genièvre (ou anis).
27	Vin blanc id	34	Rhum (tafia ou rac).
28	Vin de champagne.	35	Liqueurs à désigner. (1)
29	Vin de liqueur à désigner. (2)	36	Huile à manger.
30	Vins étrangers id.	37	Vinaigre.
31	Eau-de-vie ordinaire.		

Approvisionnements.

38	Huile à brûler.	42	Bois à brûler.
39	Bougies (ou chandelles).	43	Charbon de bois.
40	Suif (ou graisse).	44	Charbon de terre (ou houille).
41	Mèches.		

(1) On désigne la nation par l'alphabet.

(2) Tout ce qui est porté à désigner doit l'être par l'alphabet.

Suite de la table n° 6.

Objets utiles à bord.

45	Tabac à fumer.		47	Tabac en poudre.
46	Tabac à chiquer.		48	Rafraîchissements.

Maladies.

49	Peste.		56	Blessures.
50	Choléra.		57	Contusions.
51	Fièvre jaune.		58	Fractures.
52	Fièvre épidémique à désigner. (1)		59	Abcès (ou ulcères).
53	Petite vérole.		60	Rhumatismes (ou douleurs).
54	Scorbut.		61	Maladie à désigner (1).
55	Siphilis.			

Médicaments.

62	Coffre à médicaments.		68	Médecine à désigner (1).
63	Lancette.		69	Vomitif id.
64	Sonde.		70	Potion id.
65	Bandages herniaires.		71	Onguent id.
66	Seringue (ou clissoire).		72	Médicament à id.
67	Eau-de-vie camphrée.			

TABLE N° 7.

Des navigations diverses et des armes et munitions de guerre.

Long-cours.

1	Indes.		5	Côte d'Afrique.
2	Mer du Sud (ou Océan Pacifique).		6	Antilles.
3	Côte Ferme d'Amérique.		7	Etats-Unis.
4	Brésil et Rio de la Plata.			

Grand Cabotage.

8	Terre-Neuve et les îles St Pierre-Miquelon		13	De l'Archipel.
9	Mer Méditerrancé.		14	De la Baltique.
10	Mer Adriatique.		15	De Portugal.
11	Mer Noire, Mer Blanche (ou d'Azof).		16	D'Espagne.
12	Du Levant.			

Petit cabotage.

17	Golfe de Gascogne.		21	Belgique, Hollande.
18	Manche.		22	Côtes d'Allemagne et de Norwège.
19	Mer du Nord.		23	De Danemarck et des villes anséatiques.
20	Angleterre, Ecosse, Irlande.			

---

(1) Tous les objets à désigner doivent être indiqués par l'alphabet.

Suite de la table n° 7.

Pêches.

24	Au poisson frais.	29	A la sardine.
25	A la morue à Terre-Neuve.	30	Au thon.
26	A la morue à Islande.	31	A la baleine.
27	Au hareng.	32	Au cachalot.
28	Au maquereau.	33	Au loup marin.

Instruments de pêche.

34	Lances.	42	Plomb de ligne.
35	Harpons.	43	Flottes (ou liège).
36	Lignes à baleine.	44	Barils (ou bouées).
37	Couteaux.	45	Emérillon.
38	Filet ou seine, à désigner. (1)	46	Fouine.
39	Ligne à morue.	47	Palangres ou pièces de ligne.
40	Ligne à désigner. (1)	48	Objets de pêche à désigner. (1)
41	Hameçon à poisson, à désigner. (1)		

Armes à feu.

49	Canon du calibre à désigner (1).	53	Espingole, id.
50	Caronade, id.	54	Fusil (ou mousqueton).
51	Obusier, id.	55	Carabine.
52	Pierrier, id.	56	Pistolet d'abordage.

Armes blanches.

57	Hâche d'abordage.	59	Piques.
58	Sabre ou coutelas.	60	Poignards.

Projectiles.

61	Boulet, du calibre à désigner. (1)	63	Paquet de mitraille (ou boulet ramé), id
62	Obus, id.	64	Grenades.

Munitions.

65	Gargousses, du calibre à désigner. (1)	69	Fusées.
66	Etoupilles.	70	Poudre de chasse.
67	Mêches.	71	Plomb de chasse, à désigner. (1)
68	Cartouches.	72	Objets de chasse, id.

---

(1) Tous les objets à désigner doivent être indiqués par l'alphabet.

DES PORTS DE FRANCE.

TABLE N° 8.

Sur l'Océan, la Manche et la Mer du Nord. (1)

MER DU NORD.

1 Dunkerque, T. ✳ 24, — * 12, — R. ' 2. | 3 Calais, T. ✳ 20, — * 10, — R. ' 2.
2 Gravelines. ◎ 15, — ' '.

MANCHE.

4 Boulogne, ✳, — * 9 — R. '. | 21 Le Vivier.
5 Etaples, ✳ 20, — ✳ 20, — ' 6. | 22 St-Malo, * 10.
6 St-Valery-s.-Somme & Abbeville, ' 2. | 23 St-Servant.
7 Le Tréport, * 9. | 24 Dahouet.
8 Dieppe, ' 4. | 25 Le Légué (port de St-Brieuc).
9 St-Valery-en-Caux, ' '. | 26 Pontrieu.
10 Fécamp, ✳ 18, — * 9. | 27 Binic.
11 Le Hâvre, * 10. | 28 Port-Clos, île de Bréat (sur les Heaux, ✳ 18)
12 Rouen. | 29 Paimpol.
13 Honfleur, R. ' 6. | 30 Tréguier.
14 Caen, * 10, — ' 4. | 31 Lanion.
15 Isigny. | 32 Morlaix, * 10, — * 12.
16 Carantan. | 33 Roscoff.
17 St-Vaast-la-Hougue, * 9, — * 10, — ' 9. | 34 Ile de Bas, T. ✳ 24.
18 Barfleur, T. ✳ 22, — * 9, — * 9. | 35 La Bervrac, * 10, — R. ' 4.
19 CHERBOURG, * 10, — * 10, — ' 3. | 36 Ouessant (Ile de), ✳ 18.
20 Grandville, ◎ 15, — R. ' 3.

OCÉAN.

37 Le Conquet, * 12. | 52 Vannes, Auray et le Morbihan.
38 BREST, T. ✳ 18, — ◎ 15. | 53 Mesquer.
39 Camaret. | 54 La Roche-Bernard & Redon.
40 Douarnenez. | 55 Le Croisic.
41 Ile des Sains, T. ✳ 20. | 56 Nantes et entrée de la Loire, Paimbœuf,
42 Audierne. | St-Nasaire, etc, ✳ 18, — ' ' 6, — * 8,
43 Kerity, port de Pennemarck, T. ✳ 22. | — ✳ 18.
44 Pont-Labbé. | 57 Noirmoutier (Ile de).
45 Benodet et Quimper R. * 9, — * 9. | 58 Port-Breton (Ile Dieu) ✳, 18, — * 9 — * 9.
46 Ile Penfret (les Glénans), T. ◎ 15. | 59 Sables d'Olonne, * 9, — * 10.
47 Concarneau, * 12, — * 9. | 60 Ile de Rhé (St-Martin, La Flotte, Ars),
48 Ile de Groa, ✳ 18, — * 10. | T. ✳ 18, — ◎ 14.
49 LORIENT. | 61 La Rochelle, * 10,
50 Portaliguen, presqu'île de Quiberon, ' 6. | 62 ROCHEFORT (sur l'île d'Aix), * 10.
51 Le Palais et Belle-Ile, T. ✳ 27. | 63 Marennes.

---

(1) ✳ Feu de 1re classe, de 18 à 27 milles de portée.
 ◎ Feu de 2e classe, de 10 à 15 milles de portée.
 * Feu de 3e classe, de 6 à 10 milles de portée.
 ' Feu de 4e classe ou feu de marée, ayant moins de 6 milles de portée.

T devant l'astérisque veut dire que le feu est tournant; les nombres qui suivent l'astérisque sont la portée en milles à laquelle le feu peut être vu en mer ; si le feu est précédé d'une autre lettre qu'un T, c'est que c'est un feu de couleur ; R veut dire: *feu rouge*; V veut dire: *feu vert*, etc.

Suite de la table n° 8.

64	La Tremblade.	69	Cap Breton.
65	Ile d'Oléron (St-Denis-le-Château), ✳18,	70	Bayonne (signaux de la barre).
66	Bordeaux.	71	St-Jean-de-Luz et Le Secoua, * 10.
67	Libourne.	72	Fontarrabie, entrée de la Bidassoa,
68	La Teste.		frontière d'Espagne.

TABLE N° 9.

Sur la Mer Méditerranée en France et en Afrique, et dans les Colonies.

LITTORAL DE LA FRANCE.

1	Port-Vendres, * 10.	10	TOULON, T. ✳, — *.
2	La Nouvelle et Narbonne, * 10.	11	Iles d'Hyères, (Porquerolles, T. ✳18,
3	Agde, * 6.		— Ile du Titan, ◉ 15).
4	Cette, * 12.	12	Hyères.
5	Aigues-Mortes, ◉ 15.	13	St-Tropez.
6	Bouc, * 10.	14	Fréjus.
7	Marseille, * 9, — T. * 9.	15	Cannes et les îles Ste-Marguerite.
8	La Ciotât, * 9.	16	Antibes, T. * 9, — (sur le cap La Ga-
9	Bandol.		roppe, ✳ 18).

COTES DE L'ILE DE CORSE.

17	Calvi, ✳18.	19	Bouches de Bonifacio, cap Pertusato,
18	Ajaccio (sur la plus grande des îles San-		T. ✳ 27.
	guinaires), T. ✳ 20.	20	Porto-Vecchio.
		21	Bastia, * 10.

POSSESSIONS FRANÇAISES D'AFRIQUE, ALGÉRIE.

22	Bone, * 10.	28	Mostaganem, * 8.
23	Philippeville, T. ◉ 15.	29	Arzew (sur l'Ilot), * 8, — * 8.
24	Stora (sur l'île des Singes), * 6.	30	Tlemcem.
25	Raz-Kébir.	31	ALGER, ◉ 15.
26	Jigelli, * 8.	32	Scherschel.
27	Bougie, * 3.	33	Delleys, * 8.

COLONIES FRANÇAISES D'AFRIQUE.

34	St-Louis (Sénégal). (1)	35	Gorée (île de), * 6, — * 6.

AMÉRIQUE. ANTILLES.

36	Martinique (île de).	41	La Basse-Terre.
37	Fort-Royal, * 6.	42	La Pointe-à-Pitre.
38	St-Pierre.	43	La Petite-Terre, ◉ 15.
39	La Trinité.	44	Les Saintes (Iles).
40	Guadeloupe (île de).	45	Saint-Martin (île de).

COTE-FERME

46	Cayenne.	47	Le Lamana.

AMÉRIQUE DU NORD.

48	Terre-Neuve (Ile de).	49	St-Pierre & Miquelon.

(1) Voir la note de la page 18.

Suite de la table n° 9.
MER DES INDES.

50	Bourbon (île de).		54	Foul-Pointe.
51	St-Pol.		55	Mayotte.
52	St-Denis.		56	Tamatave.
53	Madagascar (île de).			

COTE-FERME DE L'INDE.

57   Pondichéry.

OCÉANIE.

58   Taïti (île de) & îles de la Société. | 59   Iles-Marquises.

NOMS DES PRINCIPAUX PAYS ÉTRANGERS OU SE PORTE LE COMMERCE FRANÇAIS (1)
EUROPE.

60	Mer Baltique.		62	Mer Adriatique.
61	Mer Noire.		63	Archipel & Levant.

AMÉRIQUE.

64	États-Unis.		67	Brésil.
65	Havane.		68	Rio de la Plata.
66	Côte-Ferme-d'Amérique.		69	Océanie Pacifique ou Mer du Sud.

ASIE.

70	Calcutta.		72	Chine.
71	Java.			

---

(1) Ce supplément de noms des Colonies Françaises et de leurs principaux ports, ainsi que des pays étrangers où se fait le principal commerce extérieur de la France a été jugé indispensable pour que la terre connaisse la provenance des navires qu'elle interroge, si ce navire venait du long-cours, sans avoir recours à l'alphabet ; d'ailleurs, il fallait occuper les signaux de 30 à 72, dans la table n° 9.

TABLE DE LOCALITÉS.

N° 1.

Pour les ports de Dunkerque, Gravelines et Calais.

Littoral des côtes de France et de Belgique, de Nieuport (Belgique) au cap Gris-Nez.

Instruction abrégée sur les principaux dangers que présente la côte d'Angleterre sur le Pas-de-Calais, atterrissage naturel de ce détroit, des côtes de France et de la Mer du Nord, ainsi que de la côte de Belgique bordant la frontière de France à l'Est et servant aussi d'atterrissage au port de Dunkerque. (1)

Le navire qui vient de la Manche pour Dunkerque, laisse au Nord à lui, dans le Pas-de-Calais, la côte de Douvres (Angleterre), laquelle est comme celle de France sur le Pas, fort élevée, ainsi que toutes les terres qui s'étendent du côté de *Daal*, *Ramsgate* et *Broadstairs* jusqu'à *Margatt*, sur la rive droite de la Tamise.

Sur le point le plus élevé de cette côte, que l'on nomme *South-fore-land Point*, il y a deux beaux feux fixes, dont la portée est de 22 milles en mer. C'est au pied de cette haute falaise qu'est le dangereux banc nommé *Goodwin-Sand*, lequel forme l'abri Sud de la rade des Dunes.

Le *Goodwin-Sand* n'est pas seulement balisé de plusieurs tonnes ; il l'est aussi par trois beaux feux flottants. L'un, simple, qui est placé sur la pointe la plus S-O de ce banc, on le nomme *South-Sand-Head*; le deuxième, portant trois feux disposés en triangle, est mouillé sur l'extrémité la plus N-E de ce banc, on le nomme *North-Sand-Head* (c'est celui que les marins français connaissent généralement sous le nom de *Balancier*) ; enfin, le troisième de ces feux flottants porte deux feux horizontalement sur une même vergue ; il balise l'accore N-O dudit banc, on le nomme *Gull-Stream* ; l'accore Sud est annoncé par une grande bouée blanche.

Les navires qui viennent de la Manche pour passer dans le Pas, aussi bien que ceux qui viennent de la Mer du Nord, doivent se garer avec soin de ramener jamais aucun de ces feux dans le Sud d'eux. Il en est ainsi des feux flottants qui balisent le *Gallopper*, le *Kentishnock* et le *Sunk*, de même que des bouées qui sont placées sur les bancs de l'embouchure de la Tamise. Le *Kentishnock* et le *Sunk* n'ont qu'un seul feu et offrent peu de dangers aux navires qui ne donnent pas dans la Tamise, car l'un est assez à terre et l'autre tout-à-fait en dedans; cependant, comme les courants pourraient y porter, il faut s'en défier. Quant au Gallopper, dont les deux feux sont sur deux mâts différents, il faut y faire grande attention,

---

(1) Tous les renseignements que renferme cette table sont puisés aux meilleures sources. Indépendamment de l'expérience de l'auteur, il a consulté les pilotes et les capitaines les plus expérimentés pour Dunkerque et ses atterrissages ; MM. POLLET et LECORNEZ, capitaines des ports et chefs des pilotes de Calais et Gravelines, pour les renseignements sur ces points.

car il est sur un banc dangereux. Tels sont les principaux écueils qu'on doit craindre à la côte d'Angleterre quand on vient de la Manche ou de la Mer du Nord chercher Dunkerque.

CÔTE DE BELGIQUE. — La partie de la côte de Belgique où l'on doit quelquefois terrir, surtout quand on veut faire la passe de l'Est de Dunkerque, est beaucoup moins dangereuse ; c'est ordinairement l'entrée de *Nieuport* qu'on vient reconnaître, et que l'on reconnaît aisément de jour par la tête de son estacade, qui, de la mer paraît comme un gros rocher ou un îlot, et par une haute dune qui est dans l'Ouest de la ville, sur laquelle, à l'heure de la marée, on hisse un pavillon rouge. De nuit, au moment de la marée, ce port est annoncé par un feu fixe qui s'allume à mi-marée.

Après cet aperçu sur les côtes d'Angleterre et de Belgique, commençons la première table de localités pour la côte de France.

1	GRIS-NEZ. — Cap fort élevé formant l'extrémité Ouest du Pas-de-Calais, du côté de la France, et la pointe Nord de la rade *St-Jean;* c'est un très-bon point de reconnaissance quand on vient de la Manche pour le Pas-de-Calais ; il ne faut cependant pas le ranger de trop près à cause de roches qui s'étendent jusqu'à 3 ou 4 encâblures (3/4 de kilomètre environ) au large de son pied. Sur ce cap est un des plus beaux feux de la côte de France ; il est de 1re classe, tournant et à éclipses. Sa portée est de 22 milles en mer.
2	BANC A LA LIGNE. — Ce haut fond est peu dangereux, excepté de gros vents du N-E au N-O dans le Pas-de-Calais, car il est presque à terre dans la baie que forment les caps Gris-Nez et Blanc-Nez. On n'a rien à en redouter tant qu'on tient le feu de Gris-Nez ouvert de la terre.
3	WISSANT. — Petit village presque englouti dans le sable des dunes de la côte, dans la baie que forment les deux caps. Il a un clocher à flèche.
4	BLANC-NEZ. — Haute falaise blanche taillée à pic qui termine, à l'Est, la côte de France sur le Pas-de-Calais. Non-seulement elle est facile à reconnaître par sa forme et sa couleur, mais encore par un petit corps-de-garde qui est au sommet. C'est ce cap que les Anglais nomment *Calais-Clif.* Dans l'E-S-E de ce cap, et vis-à-vis le petit village de *Sangatte*, qui en est au pied, il y a un assez bon mouillage pour y passer une marée quand les vents soufflent de terre ; mais il faut se bien garder de s'y laisser surprendre de vents du large. En tous cas, il faut toujours tenir le phare de Gris-Nez ouvert par la terre.

CALAIS.

5	(Voir la description de ce port page 68).
6	FEUX DE CALAIS. — Le *Grand Phare* de Calais est à l'Est du port, dans les fortifications de la ville; c'est un grand et beau feu tournant varié par

éclats dont la portée est de 20 milles en mer. Indépendamment de ce feu, il y en a deux autres au port de Calais, l'un rouge sur l'estacade de l'Ouest, et l'autre clair sur le Fort-Rouge.

7 | **ESTACADE OUEST DE CALAIS.** — Construction en bois et à claire-voie, d'une longueur de 296 mètres, ayant à la mer une direction S-S-E et N-N-O corrigée ; c'est sur le bout de cette estacade que s'allume le *feu rouge* du port de Calais, dont la portée est de 2 milles en mer.

8 | **FORT-ROUGE.** — A deux encâblures dans l'Ouest de la tête d'estacade Ouest de Calais, est le Fort-Rouge, vieille construction en bois à claire-voie, destinée probablement à protéger l'entrée de ce port, laquelle, lorsqu'on vient de la mer, apparaît comme un îlot ou un gros rocher.

C'est sur le Fort-Rouge que se font les signaux de marée, qui sont de jour un pavillon rouge que l'on hisse à demi-mât dès qu'il y a demi-mer montée à l'entrée du port de Calais. Quand il y a pleine mer, on le hisse à tête de bois et on l'y laisse jusqu'au moment où la marée de jusant marque bien. On l'amène alors à mi-mât et on l'y laisse jusqu'à demi-mer baissée ; alors on le hâle bas.

De nuit, à demi-mer montée, on allume un feu fixe sur ce fort, dont la portée est de 10 milles en mer, et on l'y laisse jusqu'à demi-mer tombée.

Quand le port de Calais est impraticable, on ne hisse pas ces signaux; alors les navires destinés pour ce port doivent faire route pour *Boulogne*, car quand Calais est impraticable, on peut facilement entrer à Boulogne, et vice-versâ.

9 | **ESTACADE EST DE CALAIS.** — C'est une construction en bois et à claire-voie de la même espèce et parallèle à l'autre, ayant une longueur de 1,500 mètres depuis les fortifications de la ville. Ces deux estacades laissent entre elles un chenal de 60 mètres, qui conduit au port.

Sur le bout de cette estacade, il y a des secours de toute espèce : un balancier pour faire gouverner les navires auxquels on ne peut envoyer de pilote, des cordages et un fort cabestan, pour leur donner assistance, enfin une cloche pour avertir en temps de brume des approches du port.

10 | **FORT EN BRIQUES.** — A 2 milles environ dans l'O-S-O de Calais est un grand Fort en briques qui sert de reconnaissance pour aller chercher le mouillage qu'on nomme la rade.

Dans l'Ouest de la Citadelle, sur la dune qui la domine, on peut aussi remarquer une grande bâtisse, c'est l'*établissement des bains de mer.*

11 | **LES RIDENS.** — A 3 milles environ vis-à-vis du port, est un petit banc que l'on nomme les Ridens, il court N-E et S-O, et sa longueur est de 4 milles. On ne doit pas craindre de toucher sur ce banc, car il y reste toujours 6 brasses d'eau ; mais quand il souffle grand frais du N-E au N-O, il est à redouter, car on peut y recevoir de dangereux paquets de mer.

Suite de la table de localités n° 1.

12   RADE DE CALAIS. — C'est entre le banc des Ridens et la terre, qu'est le mouillage qu'on nomme Rade de Calais. Il est totalement forain et il faut se défier de s'y laisser surprendre de vents du large, car la mer y devient affreuse.

La meilleure tenue est par 7 à 11 brasses, fond de sable et coquilles, à un demi-mille de terre ; ses marques sont le Fort en briques par le travers et le feu du Blanc-Nez, ouvert de la terre. Ce mouillage est très-bon de tous vents du S-O à l'E-S-E.

13   WALDAM. — Petit village ayant une église dont le clocher est à flèche, à 5 milles dans l'Est de Calais. Dans cette partie de la côte, il ne faut pas s'approcher de terre par moins de 5 brasses d'eau.

14   OYE. — Autre petit village ayant aussi un clocher à flèche; il est dans l'Est de Calais et à 3 milles 1/2 dans l'Ouest 1/4 N-O de Gravelines. Comme il est dit pour le précédent, il ne faut pas approcher cette côte par moins de 5 brasses.

GRAVELINES et les Forts-Philippe.

15   (Voir la description de ce port page 67).

16   PHARE DE GRAVELINES. — Sur une tour plate ayant 29 mètres d'élévation à l'Est de l'entrée, et dans le Petit-Fort-Philippe, est un feu fixe dont la portée est de 15 milles en mer.

17   BALISE DE GRAVELINES. — Sur l'extrémité de la chaussée sous-marine qui forme la côte Ouest du port de Gravelines, il y a une grande balise pour indiquer l'entrée de ce port. Elle est à 4 milles 1/4 dans l'O-S-O 1/2 O de la bouée rouge qui marque l'entrée de la passe Ouest de Dunkerque.

18   SAINT-GEORGES. — Village dont l'église a un clocher plat. Il est situé à 1 mille 3/4 dans le S-E 1/4 S. de Gravelines.

19   LOON. — Village ayant aussi un clocher plat, situé à 6 milles 1/2 dans l'Ouest de la grande Tour de Dunkerque.

Marques de la passe à l'Ouest de Dunkerque.

20   BALISES DE LA POINTE DE MARDYCK. — L'administration des travaux publics a décidé que dans le courant de l'année 1852, deux balises seraient placées sur la côte de Mardyck, de telle manière qu'en les prenant l'une par l'autre, venant du large, on ne puisse manquer de venir chercher la bouée rouge, qui marque l'entrée de la passe de l'Ouest de Dunkerque. Mais elles n'y sont pas encore.

PASSE DE L'OUEST DE DUNKERQUE.

21   BOUÉE ROUGE. (1)—Cette tonne, qui est mouillée par 5 brasses 1/2 d'eau

---

(1) Tous les marins qui fréquentent Dunkerque demandent depuis long-temps qu'il y ait un feu flottant au lieu d'une bouée en cet endroit, car il marquerait bien mieux l'entrée de la passe, soit de jour, soit de nuit. Pour le différencier de ceux de la côte d'Angleterre, on pourrait lui donner deux lumières superposées. (*Note de l'auteur.*)

sur l'extrémité Ouest de celui des bancs de Flandres qu'on nomme le *Snow*, marque l'entrée de la passe Ouest de Dunkerque ; aussi peut-on en passer de tel côté que l'on veut. Elle est à 7 milles à l'O-N-O 1/2 N du musoir de l'estacade de l'Ouest de Dunkerque (2).

22 | GRANDE RADE DE DUNKERQUE. — C'est dans les environs de la bouée rouge qu'est la meilleure tenue pour mouiller, aussi nomme-t-on cet endroit *Grande Rade de Dunkerque*, si l'on peut nommer ainsi un mouillage absolument forain où le navire n'est à l'abri que de sa bouée, et où aussitôt qu'il vente un peu frais du large, c'est-à-dire du N-E au S-O passant par l'Ouest, la mer est très-grosse. Mais comme on y est toujours en appareillage, même de ces vents, attendu que l'on peut de là, doubler les bancs de Flandres et se réfugier dans la Mer du Nord, les grands navires, et particulièrement ceux de l'État, la préfèrent à la petite rade dont il va plus loin être fait mention. Le meilleur mouillage est par 10 brasses d'eau, fond de sable et vase, à 2 ou 3 encâblures dans le S-S-E de la bouée rouge.

23 | BOUÉE BLANCHE N° 1. — C'est la première tonne que l'on rencontre du côté de terre quand, venant de l'Ouest, on donne dans la passe Ouest de Dunkerque. Il faut avoir soin de la laisser toujours à terre de soi, à moins que ce ne soit de pleine mer avec des vents de terre. Dans ce cas, l'on peut approcher la côte au plomb jusque par les 4 à 5 brasses ; autrement, si on la ramenait dans le Nord, on risquerait de s'enfoncer dans la *Fosse de Mardyck*, faux chenal formé par une enfourchure des sables de la côte, où l'on trouve le même brassiage que dans le vrai chenal, mais où l'on ne tarderait pas à échouer dans une position dangereuse. S'il ventait surtout grand frais de l'Ouest et du N-O, on y serait en grand danger de perdition ; il faut donc l'éviter soigneusement.

La bouée blanche n° 1 est mouillée par 5 brasses 1/2 d'eau (3) dans le S-E de la bouée rouge, à 1 mille 3/4 et à 5 milles 1/2 dans l'O-N-O du musoir de l'estacade de l'Ouest de Dunkerque.

24 | BOUÉE BLANCHE N° 2. — C'est la seconde tonne qui balise la côte dans le chenal de l'Ouest de Dunkerque ; elle est mouillée par 4 brasses d'eau au S-E 1/4 E, à 3 milles 1/2 de la bouée rouge, et au N-O 1/4 O 4° O, à 3 milles 1/2 du musoir de l'estacade de l'Ouest de Dunkerque. Il faut aussi avoir grand soin de ne jamais l'amener au Nord, que dans les grandes marées et dans les cas exceptionnels.

25 | PETITE RADE DE DUNKERQUE. — C'est à partir de la bouée blanche n° 2 et jusque par le travers de la bouée blanche n° 3 qu'est situé, entre les bancs et la terre, le mouillage forain que l'on nomme la *petite rade* ; il est

---

(2) Ces relèvements sont d'une exactitude suffisante pour ne pas se fourvoyer ; ce sont ceux du monde corrigés de 2/4 de variation N-O pour les ramener à ceux du compas.

(3) Tous les brassiages sont rapportés aux plus basses marées d'équinoxe. La mer sur cette côte monte de 5 à 6 mètres de syzygies et de 3 à 3-50 de quadrature, selon la force et la direction du vent.

étroit et peu convenable aux navires d'un grand tirant d'eau, car un navire de cette espèce qui y serait mouillé sur 80 à 90 brasses de chaîne, d'un coup de vent de Nord pourrait, à la basse mer, y talonner. Il n'aurait pas autant à craindre les bancs du large d'un coup de vent de Sud, parce que ces vents, venant de terre, la mer est belle. La tenue en petite rade n'est pas non plus aussi bonne qu'en grande rade, on y est mouillé par 8 à 9 brasses d'eau fond de sable. Ce qui fait souvent donner la préférence à cette rade sur l'autre par les navires de médiocre grandeur, c'est qu'aussitôt qu'il y a deux heures de jusant, on y trouve la mer beaucoup moins grosse, car elle est brisée par les bancs du large; on n'est donc exposé à la grosseur de la mer à ce mouillage que pendant 3 à 4 heures que les bancs sont assez couverts pour permettre à la lame de se déferler par-dessus.

Un des grands désavantages que présente la petite rade sur la grande pour un navire d'un grand tirant d'eau ne pouvant entrer à Dunkerque, qui y serait mouillé avec de gros vents du large, c'est de ne pas lui permettre d'appareiller ; en sorte que si ses chaînes venaient à casser, il n'aurait d'autre ressource que de faire côte. Dans ce cas malheureux, il doit préférer s'échouer à l'Est qu'à l'Ouest de l'entrée du port de Dunkerque.

26   **BOUÉE BLANCHE N° 3.** — C'est la troisième tonne blanche qu'on laisse du côté de terre en venant de l'Ouest pour Dunkerque ; c'est par son travers que se termine la petite rade. Il y a, il est vrai, partout mouillage entre les bancs de Flandres et la terre, depuis la bouée rouge jusqu'à la passe de l'Est qu'on nomme *Passe de Zuydcoote* ; mais on désigne la partie que nous venons de nommer, comme la petite rade, parce qu'en appareillant de là on peut entrer au port de Dunkerque, ce qu'on ne pourrait pas faire de flot si on était plus à l'Est. C'est ce que nous expliquerons en parlant des marées à l'entrée du port de Dunkerque. Il ne faut pas non plus ramener la bouée blanche n° 3 au Nord, on échouerait dangereusement à terre.

27   **BOUÉE NOIRE N° 1.** — Cette tonne noire qui est mouillée par 5 brasses à l'E-S-E, à 1 mille 3/4 de la bouée rouge, balise dans cet endroit l'accore Sud du *Snow*, ce banc dangereux qui forme la partie du large du chenal de l'Ouest de Dunkerque. Il ne faut jamais ramener cette bouée à terre, car dès qu'on trouverait à la sonde 11 à 12 brasses d'eau, on échouerait sur le banc qui est fort accore et si dangereux que rarement un navire s'en relève.

28   **BOUÉE NOIRE N° 2.** — Comme la bouée noire n° 1, elle est destinée à baliser l'accore Sud du *Snow*, et comme celle-ci, il faut toujours la laisser dans le Nord. Elle est aussi mouillée par 5 brasses d'eau, à 3 milles 1/2 dans l'E-S-E 1/2 E de la bouée rouge, et à 3 milles 1/2 dans le N-O 1/4 O du musoir de l'estacade Ouest de Dunkerque. C'est aussi par le travers de cette tonne que commence la petite rade.

29   **BOUÉE NOIRE N° 3.** — C'est la troisième tonne balisant l'accore Sud du *Snow*. Elle est mouillée par 5 brasses, à 2 milles 1/2 dans le N-O 4° O du musoir

de l'estacade de l'Ouest de Dunkerque. Il faut aussi se garder de la ramener au Sud. Comme la bouée blanche n° 3, elle termine la petite rade.

Ainsi ces 7 tonnes balisent la passe de l'Ouest de Dunkerque : 3 blanches à terre, 3 noires au large et une rouge marquant le milieu de la passe. Il est question, pour baliser l'accore Sud du banc qui suit le *Snow* et qu'on nomme le *Braeck*, d'en mettre aussi trois noires. Elles y seront fort utiles pour les navires qui voudront passer dans le chenal que forment les bancs de Flandre avec la terre, car alors laissant toutes les tonnes noires au large, il pourra aller de tonne en tonne jusqu'à l'entrée de la passe de Zudycoote dont nous allons parler.

PASSE DE L'EST OU DE ZUYDCOOTE.

31 BOUÉE NOIRE N° 1 *de la passe de Zuydcoote.*—Cette tonne, comme celle de même couleur qui la suit, sert à baliser la partie du large de cette passe (1). Elle est mouillée par 5 brasses 1/2 d'eau sur l'accore S-E du *Hills-Banck*, haut fond faisant suite au Braeck, et à 4 milles 1/3 dans l'E-N-E du musoir de l'estacade Est de Dunkerque; enfin, à peu près Nord et Sud de la Tour de Zuydcoote, petit village qui donne son nom à cette passe. Il faut toujours la laisser au large.

32 BOUÉE NOIRE N° 2 *de la passe de Zuydcoote.* — Cette tonne en fuseau est mouillée par 5 brasses 1/2 d'eau sur le pointal N-E du banc dangereux qu'on vient de nommer (*Hills-Banck*) ; c'est la plus au large de cette passe et il faut lui donner bon tour en la laissant toujours au large. Elle est à 6 milles 1/2 dans le N-E 1/4 Nord de la grande Tour de Dunkerque et à 5 milles 1/2 dans l'E-N-E 1/2 Est du musoir de l'estacade de l'Est de ce port ; enfin à 1 mille 1/2 de la bouée blanche du Trapeager, marquant aussi l'entrée de cette passe.

33 BOUÉE BLANCHE *de la passe de Zuydcoote.*—Cette tonne, beaucoup plus grosse que celle de l'Ouest, pour l'en distinguer, est mouillée par 4 brasses d'eau sur la pointe N-O du banc nommé *Trapeager* ; elle indique l'entrée de la passe de l'Est de Dunkerque, qu'on a nommée *passe de Zuydcoote.* On peut venir la ranger dans le Nord, mais il ne faut jamais la ramener au Sud. Elle est dans l'E-N-E 1/2 E, à 5 milles 3/4 du musoir de l'estacade de l'Est de ce port, et à l'Est 1/4 S-E, 1 mille 1/4 de la bouée noire n° 1 ; enfin à l'Est 1/2 Nord de la bouée noire n° 1.

DUNKERQUE.

(Voir la description de ce port page 62).

34 GRANDE TOUR DE DUNKERQUE. — Grande tour carrée située presque au milieu de la ville ; elle est surmontée d'un petit monument sur lequel il y a un mât de pavillon pour faire des signaux à la mer ; elle a 4 clochetons aux quatre angles qui la rendent facile à reconnaître. La grande Tour de Dun-

(1) Elles sont faites en fuseau au lieu d'être à fond plat, afin de les distinguer de celles de l'Oues

kerque est un excellent point de reconnaissance quand on vient de la mer, car, de beau temps, avec une bonne longue-vue, on peut la voir de 15 à 16 milles en mer.

35   GRAND PHARE DE DUNKERQUE. — Sur une très-haute tour se montrant à la mer comme une colonne, à l'Ouest de l'entrée du port de Dunkerque, est un très-beau feu tournant de première classe ayant, de beau temps, une portée de 30 milles en mer, quoiqu'elle ne soit marquée que de 24 dans l'instruction des phares et fanaux. Cette tour est aussi un très-beau point de reconnaissance pour un navire terrissant.

36   TOUR DE LEUGHENAER. — Cette tour, beaucoup moins élevée que les deux dont nous venons de parler, est située dans l'Est, droite dans l'axe du chenal du port de Dunkerque ; elle est octogone et on y allume un feu fixe de 12 milles de portée en mer, mais qui n'a cette portée qu'alors qu'on est droit dans l'axe du port, c'est-à-dire quand on en est Nord et Sud. Ainsi, quand on ne le prend pas du N-N-E ou N-N-O, il n'a guère qu'une portée de 8 milles. Ce feu est destiné spécialement à faire faire le chenal aux navires qui donnent dans le port, quand ils ont dépassé les têtes des jetées, car en gouvernant dessus on n'a rien à craindre pour l'échouage.

Il sert aussi quelquefois dans les cas forcés à venir par-dessus les bancs, au moment de la pleine mer, chercher le port de Dunkerque ; mais ce doit toujours être un cas forcé, à moins qu'on ne soit bien pratique des bancs de Flandres. On parle d'une passe au Nord ; à notre avis elle n'existe pas ; il faut donc ne pas y compter, et quand on est forcé d'attaquer le port de Dunkerque de ce côté, laisser courir à pleine mer par-dessus tout et sans sonder, pour ne pas s'effrayer des changements continuels de brassiage qu'on trouverait et qui seraient propres à déconcerter.

37   L'ESTACADE DE L'OUEST DU PORT DE DUNKERQUE ET SON FEU ROUGE. — Les estacades qui terminent le port de Dunkerque à la mer sont des constructions en bois et à claire-voie comme celles de Calais ; celle dont nous nous occupons s'avance de 750 mètres à la mer dans la direction Nord et Sud et forme le côté Ouest de ce port et la rive gauche du port de Dunkerque.

A son extrémité, elle tend vers l'Ouest. Elle est terminée par un petit pavillon au-dessus duquel est un feu rouge fixe, d'une portée de 2 milles en mer. On peut apercevoir facilement cette estacade, en venant de l'Ouest, quand on se trouve aux bouées noire et blanche N° 1, et même de très-beau temps, de la bouée rouge. Il y a sur cette estacade des retours et un bon guindeau, pour donner assistance aux navires qui les réclament, ou qui manquent le port.

38   ESTACADE DE L'EST DE DUNKERQUE. — C'est une construction pareille et parallèle à l'autre, formant la rive droite du port de Dunkerque et ayant 1,600 mètres de longueur. Entre ces deux estacades, la largeur moyenne du chenal est de 75 mètres, il en a 70 dans sa partie la plus étroite. Il y a sur cette estacade des signaux pour diriger et aviser les navires en rade, et une guérite pour en mettre le gardien à l'abri. Il y a aussi une cloche pour la signaler en temps de brume ; enfin un bon cabestan, des retours et des cordages pour donner assistance aux navires qui en ont besoin. C'est entre ces deux estacades qu'est le chenal qui conduit au port de Dunkerque.

39 | BAINS DE MER.— C'est une construction assez considérable qui est près de l'estacade de l'Est, à l'Est du port. Elle peut servir de point de reconnaissance aux navires venant de la passe de Zuydcoote.

40 | PAVILLONS DES SIGNAUX DE MARÉE. — A l'entrée et à l'Ouest du grand bassin des chasses, à Dunkerque, il y a une construction élégante qui a l'air d'un petit temple antique, au-dessus duquel s'élève un mât de pavillon sur lequel on hisse les signaux qui indiquent l'état de la marée à l'entrée du port. Les pavillons qu'on y hisse sont de trois sortes : *blanc à croix rouge, damier rouge et blanc, et bleu,* suivant la hauteur d'eau. Quand il y a de huit à neuf pieds d'eau à l'entrée, on hisse le pavillon à croix rouge à mi-mât ; quand il y en a de dix à onze, on le hisse à tête de bois ; quand il y en a de douze à treize, on hisse le pavillon damier à mi-mât ; quand il y en a de quatorze à quinze, on le hisse à tête de bois ; quand il y en a de seize à dix-sept, on hisse le pavillon bleu à mi-mât ; enfin, quand il en monte dix-huit ou au-dessus, on hisse ce pavillon à tête de bois. Les signaux se changent successivement au jusant, dans le même ordre, jusqu'à ce qu'il reste moins de huit pieds d'eau. Alors on amène bas le pavillon blanc à croix rouge qui était à mi-mât.

41 | MARDYCK.— Petit village sur la côte, ayant une église dont le clocher est à flèche. Il est à 5 milles à l'O 1/4 N-O de la grande Tour de Dunkerque.

42 | POINTE DE MARDYCK. — Pointe basse devant le village de ce nom, s'étendant beaucoup à la mer ; elle est à environ 6 milles du musoir de l'estacade Ouest de Dunkerque.

43 | GRANDE-SYNTHE. — Village dans l'intérieur des terres, ayant une église avec clocher à flèche ; il est à 4 milles 1/2 dans l'Ouest de la grande Tour de Dunkerque.

44 | PETITE-SYNTHE. — Village également dans l'intérieur des terres, ayant une église avec clocher à flèche ; il est à 2 milles 1/2 dans l'O 1/4 S-O de la grande Tour de Dunkerque.

45 | DUNE-MALO.—C'est la dune la plus élevée du côté à l'Ouest près du port. Sur cette dune, il y a un mât de navire qui forme une balise provisoire qui la fait aisément reconnaître. Elle est à environ 1,500 mètres à l'Ouest de la grande tour de Dunkerque.

46 | LE COPPAR. — Grande dune à l'Est du port de Dunkerque, à la distance de 2 kilomètres environ ; elle est facile à reconnaître par le corps de garde

Suite de la table de localités n° 1.

des Douanes, qui la surmonte. Au-delà de cette dune on voit l'église du Rosendael qui a un clocher peu élevé.

47 | LEFFRINKHOUCKE. — Petit village avec église dont le clocher est à flèche, à 3 milles 1/3 dans l'E-S-E de la grande Tour de Dunkerque. Cette église sert de marque pour les passes des bancs.

48 | TOURS DE BERGUES. — A 4 milles 3/4 dans l'E-S-S-E 1/2 E de la grande Tour de Dunkerque, sont deux tours isolées sises dans l'intérieur de la ville de Bergues ; ce sont les restes de l'abbaye de Saint-Winoc, et elles sont conservées parce qu'elles servent de marques pour l'atterrissage de Dunkerque. Il y en a bien d'autres dans la ville de Bergues, mais on ne s'en sert pas.

49 | TOUR DE ZUYDCOOTE. — A 4 milles 3/4 dans l'Est de la grande Tour de Dunkerque, est une tour carrée, presque enfouie dans les sables, au milieu des dunes qui bordent la côte ; c'est celle de l'église de Zuydcoote qui est disparue dans les sables. Cette tour sert de marque pour la passe Est de Dunkerque.

52 | MONT-CASSEL. — A 13 milles dans le S 1/4 S-O de la grande Tour de Dunkerque, est le Mont-Cassel qui est la seule montagne dans cette partie de la Flandre française, pays tout-à-fait plat. Elle sert aussi de marque pour l'atterrissage de Dunkerque, mais seulement quand il fait bien beau temps. Le Mont-Cassel se compose de deux montagnes qui se tiennent par une vallée: le Mont-Cassel proprement dit et le Mont-des-Chats, celle-ci est moins élevée que l'autre.

50 | ADINKERQUE. — A 2 milles 1/3 dans l'O-N-O 1/2 N de Furnes, est le petit village d'Adinkerque, ayant une église avec un clocher à flèche. C'est le dernier édifice de ce genre qu'on voit de la mer à la côte de France, du côté de la Belgique.

BELGIQUE.

51 | FURNES. — Cette ville qui est à peu de distance de la mer dans les terres qui bordent la côte, a deux clochers à flèche qui servent aussi de marques, surtout pour venir chercher la bouée blanche du *Trapeager*, entrée de la passe de Zuydcoote. En les prenant l'un par l'autre et par Broersdyn, on est sûr de venir la prendre à la main.

52 | BROERSDYN. — C'est une dune sur la côte, composée de trois mamelons formant le triangle, qui, pris par les clochers de Furnes, donnent une excellente marque pour venir chercher la bouée blanche de la passe de l'Est (passe de Zuydcoote). C'est dans les environs de cette dune qu'est la Panne.

54 | OST-DUNKERQUE. — Petit village avec église à clocher à flèche entre Furnes et Nieuport.

55 | NIEUPORT. — Place forte et port de mer ayant différents monuments remarquables. Elle a aussi une estacade dans l'Est s'avançant sur la mer dans

la direction Nord et Sud ; c'est la tête de cette estacade qui paraît de la mer, quand on en est à une certaine distance, comme un gros rocher ou un îlot.

Nieuport est un bon point d'atterrissage pour les navires qui veulent venir chercher la passe de Zuydcoote pour venir à Dunkerque ; car les approches ne sont pas embarrassées de bancs et on peut en venir prendre connaissance facilement à la sonde.

56   BANCS DE FLANDRES. — Les bancs dangereux qu'on nomme indifféremment bancs de Flandres, ou bancs de Dunkerque, sont au nombre de treize et on les nomme comme suit : *Snow*, *Braeck*, *Hills-Banck*, *Small-Banck*, *Brede-Banck*, *Inner-Rattel*, *Out-Rattel*, *Dick*, *Dick oriental ou Clif d'Islande*, *In Rattingen*, *Out-Rattingen*, *Clif et ses Pollaërts*, *et le Trapeager*. Ces treize bancs, dont quelques-uns ont jusqu'à douze milles d'étendue, laissent entre eux différents chenaux, mais qui ne peuvent être fréquentés que par les pilotes ou les pratiques, excepté celui qui existe entre eux et la terre qui forme les deux passes de Dunkerque. Leur direction est à peu près en éventail de l'Est au Nord et pointes au S-O, et leur étendue de 13 à 14 milles au Nord de Dunkerque. Sans engager personne à s'y hasarder sans pilote, autrement que par un cas de force majeure, il est bon d'en donner une légère idée ; nous ferons seulement observer, avant de terminer ce précis, qu'alors qu'il y a demi-marée montée dans la rade, à moins que le temps soit fort mauvais, un navire tirant douze pieds d'eau peut les franchir.

57   SNOW. — Ce banc dangereux qui fait la partie du large de la passe Ouest de Dunkerque et de ses rades n'assèche pas, mais il reste très-peu d'eau dessus dans les grandes marées. Son étendue est d'environ 4 milles 3/4 dans la direction Est et Ouest ; il est étroit et très-accore dans sa partie Sud, ce qui fait qu'aussitôt que courant de son côté on trouve 12 à 13 brasses d'eau, on y touche. Il ne faut donc pas en louvoyant, à moins que ce soit de beau temps et de pleine mer, courir dans cet endroit par plus de 10 brasses d'eau. C'est, comme nous l'avons dit en parlant des bouées, sur le pointal le plus Ouest de ce banc qu'est la bouée rouge, et sur son accore Sud que sont placées les bouées noires N°ˢ 1, 2 et 3 qui balisent la passe Ouest de Dunkerque au Nord.

58   BRAECK. — Ce banc fait suite au *Snow* dont il n'est séparé que par un chenal très-étroit et impraticable pour tout autre que des pilotes ou des pratiques. Il est aussi fort dangereux, car de basse mer de syzygies, il n'y reste pas plus d'eau que sur l'autre ; il arrive même quelquefois, de reverdies, qu'une partie en vient à sec. Il a aussi une longueur de 4 milles environ dans la direction Est et Ouest et continue la partie du large du chenal de Dunkerque devant et à l'Est du port. C'est sur l'accore Sud de ce banc qu'il est question de placer encore 3 bouées noires pour le baliser.

59   HILLS-BANCK. — Ce banc forme une solution de continuité avec le *Braeck*, dont il n'est à proprement parler que le prolongement ; il forme,

comme le précédent, la partie Nord du chenal de Dunkerque. Jusqu'à la passe de Zuydcoote, sa longueur est d'environ 2 milles 1/2 et sa direction à peu près E-N-E et O-S-O. Comme le *Snow* et le *Braeck*, il est fort accore au Sud et fort dangereux. C'est, ainsi que nous l'avons dit précédemment, sur ce banc que sont placées les deux bouées en fuseau, N°* 1 et 2, qui balisent la passe de Zuydcoote au large.

60 — SMALL-BANCK. — Presque parallèlement au *Hills-Banck* et n'en étant séparé que par un étroit chenal, est le *Small-Banck*, dont la longueur est d'environ 14 milles et la direction E-N-E et O-S-O environ. Celui-ci est aussi fort dangereux, car dans certaines parties il vient presque à sec. Ce banc est facile à reconnaître à la sonde, car le fond y est tellement dur que le plomb rebondit comme sur une roche et revient sans laisser d'empreinte.

61 — BREDE-BANCK. — Presque aussi parallèlement au *Small-Banck* et au *Snow*, se trouve le *Brede-Banck*, qui a environ 14 milles de longueur et une direction moitié Est et Ouest et moitié N-E et S-O. Il laisse entre lui et les deux bancs que nous venons de citer un chenal qui dans certains endroits est plus large que celui de Dunkerque ; mais il est si difficile, qu'à moins d'être bon pilote, il ne faut pas s'y engager. Son extrémité S-O est Nord et Sud de la tour de St-George.

62 — INNER-RATTEL. — C'est un banc qui est parallèle au *Brede-Banck*, c'est-à-dire qu'il a une direction à peu près N-E et S-O. Sa longueur est d'environ 7 milles, et son extrémité S-O est environ Nord et Sud du clocher de Loon. Il laisse entre lui et le *Brede-Banck*, un mauvais chenal où il faut éviter de s'engager, à moins que d'être bon pratique.

63 — OUT-RATTEL. — La suite du banc que nous venons de nommer a reçu le nom d'*Out-Rattel*, parce que ces deux fractions sont séparées par une profondeur qu'on a prise pour une discontinuité. La direction est la même que celle de *Inner-Rattel* et sa longueur de 7 milles environ. L'extrémité S-O est environ Nord et Sud de Leffrinckhoucke.

64 — DICK. — Parallèlement aux *Rattels* est le *Dick*, banc dangereux dont l'extrémité S-O est environ N 1/4 N-O et S 1/4 S-E du clocher de Gravelines. Il a 5 milles d'étendue environ dans une direction N-E et S-O.

65 — DICK ORIENTAL ou CLIF D'ISLANDE. — A 1 mille 1/2 dans le prolongement du *Dick* et le continuant par une suite de hauts fonds, est un banc ayant la direction un peu plus Nord, sur une longueur de 11 milles 1/2, auquel on a donné le nom de *Dick Oriental* ou *Clif d'Islande*.

66 — IN RATTINGEN et OUT RATTINGEN. — En dehors des bancs que nous venons de nommer, sont des battures de peu d'étendue qui leur sont parallèles et que l'on nomme *In Rattingen* et *Out Rattingen*. Le premier a sa pointe S-O Nord et Sud de Mardyck, le deuxième l'a Nord et Sud d'Oye. Quoique ces bancs aient quelques plateaux où un navire pourrait toucher,

Suite de la table de localités n° 1.

ils sont moins dangereux pour la touche que par les coups de mer qu'on peut y attrapper ; mais ce qui augmente leur danger, c'est la grande distance où ils sont de terre, qui ne permet que de très-beau temps d'y prendre des marques pour les éviter.

67 | LE CLIF ET SES POLLAERTS. — Ce banc est celui qui est le plus avancé au N-O ; il est très-dangereux, car il a deux plateaux à ses extrémités, où, dans les grandes revendies, il ne reste guère que 10 pieds d'eau ; sa direction est N-E 1/4 E et S-O 1/4 O du compas (N-E 1/4 N et S-O 1/4 S du monde), et sa longueur de 6 milles. Son extrémité la plus Sud est environ N et S 1/2 O de Gravelines. Ses approches sont d'autant plus faciles à reconnaître qu'à son accore il y a 25 brasses d'eau et qu'il s'y forme des remoux très-apparents.

68 | TRAEPEGER. — Enfin, pour terminer cette description abrégée des dangers qui enserrent Dunkerque dans une triple ceinture, il nous reste à parler de *Traepeger*. Celui-ci est plutôt un prolongement de la côte de Belgique devant Furnes, qu'un banc. Il est fort dangereux, car sa pointe N-O s'étend beaucoup à la mer, et forme, comme la fosse de Mardyck, une enfourchure dans le collet de laquelle un navire tirant plus de 10 pieds d'eau peut échouer. Il faut donc se garder de s'en approcher par moins de 4 brasses, jusqu'à ce que l'on soit à la bouée blanche, qui marque l'entrée de la passe de Zuydcoote du côté de terre. De ce point on relève la tour du phare de Dunkerque au S-O et la tour de Zuydcoote au S 1/4 S-O.

Quant au banc qui forme la fosse de Mardick, ce n'est aussi qu'un prolongement de la plage que nous avons décrite ; nous n'en parlerons donc pas.

Ainsi que nous l'avons dit, un capitaine qui n'est pas pratique ne doit donner que de pleine mer et à toute extrémité entre ces bancs. Si donc il s'y trouve affalé par de gros vents du large, il lui faut louvoyer pour s'en élever ; mais avec le courant et la grosse mer qui y portent alors, il doit craindre un naufrage ; il lui faut prendre toutes les précautions indiquées pour le cas possible d'un tel malheur, c'est-à-dire, rendre ses embarcations insubmersibles, faire vêtir à ses hommes leurs moyens d'insubmersion, etc., et quand il est tout prêt, sur le coup de pleine mer, s'il peut attendre jusque là, donner par-dessus tous les bancs, sans même jeter le plomb, de peur d'être déconcerté des différences de fonds qu'il lui indiquerait ; il courra de grands riques sans doute, mais il peut quelquefois avoir le bonheur de tout franchir. S'il venait à échouer, il lui faudrait abandonner le plus vite possible.

S'il ne peut pas espérer d'attendre la pleine mer, sous voile en louvoyant, il lui faut mouiller à tout risque, pour tenir jusqu'à ce moment, dût-il couper sa mâture derrière et ne se réserver que celle de devant, disposer un croupias sur celle de ses chaînes qu'il veut être celle d'appareillage, et le moment venu, la filer par le bout et laisser courir comme devant. Il vaut mieux encore risquer ce moyen, car sans cela il y a mille contre un à parier qu'il se perdrait corps et biens.

Si on est obligé d'abandonner dans ses embarcations, il faut bien se pénétrer des précautions à prendre pour empêcher qu'elles ne viennent en travers. On recevra de violents coups de mer, sans doute ; mais si on se maintient debout à la lame on a encore l'espoir de se sauver ; si, au contraire, l'on vient en travers, tout est fini, on sera roulé dans la lame. Enfin il faut bien se souvenir qu'avec du courage, du sang-froid et de la présence d'esprit, on se retire des positions les plus difficiles.

DESCRIPTION ABRÉGÉE DES ABORDS ET DU PORT DE DUNKERQUE.

DUNKERQUE. — Place forte, extrême frontière de France et port de mer, est située, à la tour de son grand phare, par 51° 3' de latitude Nord et par 0° 1' 41" de longitude Est du méridien de Paris (2° 21' 41" de Greenwich).

L'établissement de Dunkerque d'après Chazalon est de.........12 h. 13 m.

La mer monte à Dunkerque, de 6 à 8 mètres (18 à 24 pieds) de syzygies, et 4^m à 4^m50 (12 à 15 pieds) de quadrature.

Le chenal du port de Dunkerque dans la partie qui va de cette place à la mer, entre les deux estacades, a une direction S-S-E et N-N-O du monde (Nord et Sud du compas).

Le port de Dunkerque est vaste et sûr quand on y est entré ; il est garni de beaux quais, il y a des bassins où les navires peuvent rester à flot, mais le reste de ce port assèche de basse mer, à toutes les marées. Ce n'est donc à proprement parler qu'un Hâvre, comme tous ceux, du reste, de la côte de France, du Nord jusqu'à Cherbourg. Mais si ce port assèche, du moins on n'y trouve ni pierres ni roches qui peuvent fatiguer les navires, qui y sont de basse mer posés sur un lit de vase, où ils restent droits ; les navires fins, même, peuvent y échouer sans danger.

Dunkerque est en communication avec toutes les parties de la France, de la Belgique et de l'Allemagne par ses lignes de chemins de fer et ses canaux.

Il se fait un commerce considérable à Dunkerque, dont les principales branches sont : la pêche de la morue à Islande, le cabotage tant grand que petit, la pêche au poisson frais et la construction navale. Des lignes régulières par navires à vapeur sur Londres, Saint-Péterbourg, Rotterdam et le Hâvre ne sont que le prélude de la prospérité commerciale de Dunkerque dès qu'il aura été apprécié. La construction navale a fait de tels progrès à Dunkerque depuis 15 à 20 ans, qu'on est tenté de ne pas y croire.

Enfin Dunkerque est le seul port de commerce en France qui ait un arsenal militaire.

Les premiers monuments qu'on aperçoit à Dunkerque, venant de la mer, sont : la grande Tour, la tour du phare et celle de Leughenaer. Ceux que l'on aperçoit ensuite, sont : l'église St-Eloi, celle de St-Jean, le pavillon des signaux, les bains de mer et les estacades.

Le chenal d'entrée à Dunkerque n'est pas en suivant le prolongement de celui de ce port, il fait avec lui un angle de quelques degrés dont la direction varie un peu vers le Nord. Le chenal du port est S-S-E et N-N-O du monde (Nord et Sud du compas) ; le chenal d'entrée gît environ du Nord au Sud du monde (N-N-E à S-S-O du compas), mais on s'efforce d'en redresser la direction par les chasses puissantes que l'on fait de l'intérieur du port et on peut espérer d'y parvenir, car il tend toujours à se redresser; il court presque comme le chenal du port et cependant, il n'y a pas plus de trois ans, il faisait avec lui un angle de 45°. Cette déviation est produite par le prolongement de la plage à l'Ouest du port, qui s'étend à 300 mètres au-delà de la tête des estacades. Il est d'autant plus désirable qu'on puisse donner à ce chenal une direction prolongeant le port, que de flot le courant des bancs porte rapidement dans l'Est (1), surtout de syzygies, et qu'avec des vents du S-O au S-E, il est très-difficile d'entrer ; car, à moins qu'on ne passe sur le banc, ce qui n'est pas toujours facile avec un navire d'un grand tirant d'eau, on est enlevé sous le vent. Mais avec ces vents la mer étant belle, en ayant soin de mouiller en temps utile quand on se voit enlever dans l'Est, on peut se faire touer de dessus les estacades. A 300 mètres du port environ est le plus sec du chenal d'entrée ; c'est une zône de sable d'une demi-encâblure que l'on nomme *la Barre*. La mer y est très-mauvaise de tous les gros vents du S-O au N-E passant par l'Ouest.

Il se produit chaque marée un phénomène à l'entrée des ports de Dunkerque, Gravelines et Calais : le courant des bancs se dirige encore à l'Est pendant 3 heures après qu'il est pleine mer dans le port ; il en est de même du jusant qui court à l'Ouest pendant 3 heures après qu'il est basse mer dans ces ports. En sorte qu'alors qu'on commence à ressentir les effets du flot ou du jusant dans le chenal entre les bancs et la terre, il y a demi-marée montée ou descendue dans ces ports. Pendant les 3 premières heures de flot la mer y monte doucement, mais pendant la 4ᵐᵉ heure, elle monte très-rapidement, pour diminuer ensuite de vitesse graduellement durant une heure et demie ; pendant la dernière demi-heure du flot, la montée de l'eau est peu sensible.

Il y a, comme nous l'avons expliqué page 56, en parlant des pavillons de marée, des signaux des marées à Dunkerque ; on y trouve aussi d'autres signaux pour avertir de ce qui se passe à la mer et prémunir les navires contre les dangers qu'ils pourraient courir. On y trouve aussi un établissement de sauvetage.

Le pilotage de Dunkerque est fait par des sloops de 40 à 60 tonneaux, sur lesquels est écrit en gros caractères *Pilotes de Dunkerque*. Indépendamment de cela, ils ont un grand P dans leur grand'voile et un pavillon rouge, de jour, à la tête de leur mât, dans lequel il y a un P en blanc. Un de ces bateaux, au moins, est continuellement à la mer, et se tient toujours au vent du port sur les limites de sa station qui est entre Gravelines et Oye, dès que les vents

---

(1) La vitesse moyenne du flot, est de 4 à 5 nœuds dans les syzygies et de 2 à 3 dans les quadratures, suivant la force et la direction du vent.

soufflent d'aval ; il ne vient au mouillage devant le port, qu'alors qu'il y est forcé par le temps.

Le navire qui fait route pour donner dans le port de Dunkerque, s'il n'a pas de pilote (ce qui est assez rare), doit venir, en se maintenant par les 6 à 8 brasses d'eau, suivant le cas ; ouvrir le port, en passant à deux encâblures environ de la tête de l'estacade de l'Ouest, puis courir en dedans, en maintenant la tour du phare ouverte à tribord de la grande tour, et conserver ces amères jusqu'à ce qu'il ait derrière lui les têtes des estacades. Alors gouverner sur la tour du Leughenaer qu'il voit devant lui pour venir en dedans jusqu'au port.

Si c'est de nuit, il viendra passer par le brassiage indiqué à 2 encâblures environ du feu rouge de l'estacade, et quand le feu du Leughenaer lui restera au S-S-E du monde (Sud du compas), ce qui lui indique qu'il a le port ouvert, il laisse courir en dedans en se maintenant autant qu'il peut le feu rouge par celui du Leughenaer, et en l'ouvrant de plus en plus à tribord à mesure qu'il en approche, gouvernant de manière à avoir le feu du Leughenaer un peu à basbord, environ par son baussoir de ce côté, jusqu'à ce qu'il ramène le feu rouge à l'O-N-O. Il gouvernera alors sur le feu du Leughenaer.

Par suite de ce qui a été dit sur la rapidité avec laquelle le courant de flot porte dans l'Est du port, il est prudent à tout capitaine qui vient le chercher de mettre de bonne heure ses ancres en veille, de prendre sur ses chaînes une biture de 8 à 9 brasses, de parer ses embarcations et ses amarres, de mettre même sa chaloupe à l'eau, si le temps le lui permet, afin d'être prêt à mouiller et à envoyer une amarre à l'Ouest, si le vent lui refusait en entrant et menaçait de le faire tomber sous le vent de l'estacade de l'Est. Il est même bon, lorsqu'il entre avec des vents sous vergues, d'avoir une ancre parée derrière pour amortir son aire au besoin.

Enfin il fera bien aussi de parer de longues défenses, si les vents sont courts, et d'en garnir son côté de basbord avant d'entrer, car il est probable que presque aussitôt en dedans il ira se coller contre l'estacade de l'Est, où la grosseur de la mer peut lui occasionner de graves avaries.

S'il était contraint de mouiller en dehors, il ne lui faut pas épargner la touée pour tenir, et, dès qu'il sera étalé, carguer et étouffer le plus promptement possible toutes ses voiles pour présenter le moins de fardage possible au vent car la force de celui-ci augmentant encore la vitesse du courant de flot, ces deux puissances combinées donnent une grande difficulté pour entrer. Il devra surtout, dès qu'il aura son ancre à l'écubier, la caponner, pour pouvoir prendre une nouvelle biture s'il était obligé de mouiller de nouveau, si son amarre venait à casser, ou s'il était obligé de filer brusquement pour un navire qui, le suivant, viendrait à passer entre l'estacade de l'Ouest et lui.

Il y a deux passes ou chenaux entre les bancs et la terre, l'une à l'Ouest et que pour cette raison l'on nomme : *Passe de l'Ouest*, et celle de l'Est, que l'on nomme *Passe de Zuydcoote*. En parlant des tonnes et des bouées qui balisent le chenal, nous avons expliqué quels étaient les bancs qui le formaient au large, nous n'y reviendrons pas. Le chenal entre ces bancs et la terre a une largeur moyenne d'un mille environ ; cependant en quelques endroits, comme entre les bouées noires et blanches n° 1, n° 2, n° 3, il n'a guère plus de 2/3 de mille ; on y trouve en moyenne 8 à 9 brasses d'eau de basse mer. Comme il a été dit, le navire venant de l'Ouest doit laisser toutes les tonnes blanches à tribord et les tonnes noires à basbord, s'il vient avec vent sous vergues ; mais s'il était obligé de louvoyer dans ce chenal, il lui faudrait ne jamais venir par moins de 5 brasses du côté de terre, ni par plus de 10 brasses au large, car dans le premier cas il risquerait de s'enfoncer dans la fosse de Mardick ou de s'échouer sur des plateaux qui la suivent, où il serait dans une position dangereuse, et dans le second sur le Snow, ce qui serait encore pire.

Nous avons fait connaître, quand nous avons parlé des rades, pages 52 et 53, où étaient les meilleurs mouillages dans les environs de Dunkerque ; nous n'en parlerons pas ici. La seule chose que nous ferons observer, c'est qu'il y a mouillage partout dans le chenal entre les bancs et la terre.

La direction des courants entre les bancs de Dunkerque est Est et Ouest ; leur vitesse moyenne de 2 à 4 nœuds. Ce courant étant traversier à l'axe du port, enlève souvent les navires entrants, quand les vents sont courts dans l'Est de l'estacade de l'Est. Comme il est très-difficile, à moins d'avoir un navire bien fin voilier, de louvoyer au vent et de gagner, il vaut mieux alors laisser arriver et courir au N-E jusqu'à ce que l'on relève le musoir de l'estacade de l'Est dans le S-O et la dune nommée le Coppard ou l'église du Rosendael au Sud, par 10 brasses ; alors on mouille pour attendre le jusant avec lequel on appareille pour louvoyer au vent et venir mouiller jusqu'à la marée suivante dans la petite rade. On le fait, parce que le jusant ne commençant à se faire sentir entre les bancs qu'après qu'il y a trois heures de mer baissée dans le port, en appareillant à l'étale, on n'aurait plus d'eau pour entrer quand on serait devant le port.

Quand nous avons parlé des tonnes de l'Est, nous avons fait connaître ce que c'est que la passe de Zuydcoote, nous n'en parlerons pas ; d'autant plus que cette passe est fort étroite et dangereuse et tout au plus praticable pour des navires de 4 à 4 mètres 33 de tirant d'eau, à moins que ce ne soit de pleine mer et de syzygies.

ATTERRISSAGE DE JOUR SUR DUNKERQUE VENANT DE L'OUEST. — Le navire venant de l'Ouest, c'est-à-dire du côté de Calais à Dunkerque, après avoir pris connaissance (s'il vient de la Manche) des pointes de Dungeness et de South-Foreland, ou du cap Gris-Nez, suivant le cas ; avoir passé devant le cap Blanc-Nez, devant Calais, Waldam et Oye qu'il laisse à tribord, courant à l'E-S-E, viendra reconnaître Gravelines, et s'il peut voir la balise à l'entrée de ce port, en courant ainsi, il prendra connaissance de la bouée rouge qui en est dans l'E-N-E 4ᵐ 1/4, il pourra passer de cette tonne, de tel côté qu'il voudra, et courant à l'Est 1/4 S-E ou à l'E-S-E ou au S-E 1/4 Est, suivant le cas, il viendra prendre connaissance des tonnes noire ou blanche n° 1, suivant que les vents soufflent du large ou de terre. Gouvernant pour lors à l'E-S-E et se maintenant par 8 à 9 brasses d'eau, laissant toutes les tonnes noires à basbord, toutes les blanches à tribord, il aura bientôt l'estacade Ouest de Dunkerque en vue. Dans ce trajet il dépassera sur la côte, Gravelines, St-Georges, Loon, Grande et Petite-Synthe.

VENANT DU NORD. — Le navire venant attaquer Dunkerque par le Nord, verra d'abord la grande tour devant lui, puis, peu après celle du grand phare. A tribord de celle-ci, puis en approchant davantage la tour du Leughenaer ; il devra maintenir cette position et viendra ainsi attaquer le port en passant par-dessus tous les bancs. Dans ce parcours, il aura connaissance à tribord en approchant de terre, de Grande et Petite-Synthe et de la Dune-Malo ; à basbord, du clocher de Leffrinckhoucke, des tours de Bergues et même, s'il fait très-beau temps, du Mont-Cassel. On se souvient qu'à mi-mer montée, un navire qui tire 4 mètres d'eau peut franchir les bancs si la mer n'est pas grosse.

VENANT DU NORD-EST. — Venant du N-E, le navire qui fait route pour Dunkerque, s'il veut passer dans la passe de Zuydcoote, doit venir d'abord reconnaître Nieuport (Belgique), puis, laissant courir vers l'Ouest, il viendra ramener les tours de Furnes l'une par l'autre et par le Broersdyn, marques par lesquelles il terrira sur la bouée blanche du Trapeageer, entrée de cette passe, et faisant la route indiquée page 55, il viendra par l'Est à Dunkerque. Dans ce parcours, il aura à basbord en vue, la tour de Zuydcoote, les tours de Bergues et de Leffrinckhoucke ; il aura aussi connaissance dans le lointain du Mont-Cassel ; mais, pour faire cette route, il faut que les vents soient de terre, s'ils soufflaient du large, il vaudrait mieux, venant de la mer du Nord, se diriger pour prendre connaissance du Gallopper, et le laisser à tribord, aller passer aussi à 3 ou 4 milles au Sud de North-Sand-Head, et de là courant au Sud, venir reconnaître Blanc-Nez et se comporter alors comme il est indiqué aux navires venant de l'Ouest.

ATTERRISSAGE DE NUIT. — **VENANT DE L'OUEST.** — Venant de l'Ouest, après avoir pris successivement connaissance des feux de Dungeness et de ceux de South-Foreland, de South-Sand-Head, ou de Gris-Nez, suivant les vents, venant prendre vue de celui de Calais, et de là filant le long de la côte par 10 brasses d'eau, on viendra reconnaître celui de Gravelines, et peut-être même les feux de marée de ce port. Quand on en sera par le travers, courant à l'E-S-E par 8 à 9 brasses, on viendra bientôt prendre connaissance des feux de Dunkerque et on se comportera alors comme il a été dit pages 52 et suiv.

VENANT DU NORD. — Si l'on terrissait par le Nord, il faudrait ramener le grand feu de Dunkerque au Sud et courir à terre jusqu'à ce que l'on voie le feu du Leughenaer, laisser alors courir à terre en tenant ces deux feux l'un par l'autre jusqu'à ce que l'on ait pris connaissance du feu rouge de l'estacade.

VENANT DE LA MER DU NORD. — Enfin, si on vient de la Mer du Nord, on ferait bien, suivant le temps, d'aller reconnaître les feux d'Ostende et de Nieuport (Belgique), de celui du Gallopper, suivant les vents. Quand on se verra par le travers d'Ostende, le relevant à l'Est, on fera route sur l'O-N-O ou le N-O 1/4 Ouest, suivant les vents et la marée, pour venir prendre connaissance du North-Sand-Head à bonne vue ; on en sera alors à 9 milles environ. On y prendra son point pour aller chercher le feu de Calais, et alors on fera comme précédemment, venant de l'Ouest. Nous ne conseillons pas, à moins qu'on y soit forcé, de tenter de nuit, sans piloté, la passe de l'Est ; si on y était contraint, après après avoir pris connaissance des feux d'Ostende et de Nieuport pour bien assurer sa position, il faudrait attendre la pleine mer et à tous risques donner par dessus tous les bancs pour venir chercher les feux de Dunkerque.

Un navire venant de la mer du Nord fera bien de ne pas approcher les côtes de Belgique et de France par moins que 25 brasses d'eau, jusqu'à ce qu'il ait pris connaissance entière du Galopper et du North-Sand-Head.

Nous ne saurions trop recommander aux capitaines dans ces dangereux parages de bien veiller au plomb, et d'y avoir toujours une personne capable.

DES MARÉES DANS LE PORT DE DUNKERQUE. — Comme nous l'avons déjà dit, la mer monte assez lentement pendant les trois premières heures dans le port de Dunkerque, mais rapidement pendant la quatrième, pour diminuer progressivement de vitesse pendant les deux autres jusqu'à la pleine mer.

Les étales sont souvent fort longues à Dunkerque, on les a vu durer jusqu'à 1 heure et même 1 heure 1/2, cela dépend de la force et de la direction des vents. C'est de vents d'aval que la mer tient le plus. Du reste ce phénomène lui est commun avec les autres ports de la mer du Nord et même avec tous ceux qu'un courant traversier barre. Il est cependant bon de le savoir, car souvent 2 heures et même 2 heures 1/2 après que l'heure calculée de la pleine mer est passée, il reste encore assez d'eau pour qu'un navire de 4 mètres à 4^m 33 de tirant d'eau (12 à 13 pieds) puisse entrer. Il est donc prudent, quand on peut le faire, de chercher à prendre connaissance des signaux de terre qui indiquent la quantité d'eau à l'entrée de ce port, car souvent un navire s'est perdu dans l'intervalle qui s'écoule entre deux marées, parce qu'il ne croyait pas qu'il restât encore assez d'eau pour franchir la passe quand il arriverait devant le port, et cependant, mieux renseigné, en forçant de toile, il y serait entré, attendu que la mer ne tombe pas vite pendant les deux premières heures de jusant, mais très-rapidement pendant la 3me.

De vents de terre les étales sont beaucoup moins longues, elles ne durent souvent que trente minutes. Quand il y aura des signaux échelonnés sur les côtes, on ne pourra avoir d'indécision à cet égard, car de Gravelines on pourra signaler quel est l'état de la marée à Dunkerque et même la longueur de la dernière étale.

Les observations de marées que nous faisons ici pour Dunkerque, sont également applicables aux ports de Gravelines et de Calais.

DU PORT DE GRAVELINES.

Ce port qui est situé sur la rivière d'Aa, par 51° 00' de latitude Nord et par 0° 13' 39'' de longitude Ouest, a 12 heures d'établissement, d'après l'annuaire de M. Chazalon.

Son commerce le plus considérable est celui des œufs, avec l'Angleterre ; il fait aussi la pêche à Islande et celle du poisson frais.

Il y a un pilotage organisé à Gravelines.

Comme port de refuge, on ne doit se hasarder à y entrer que forcément, à moins d'en être bien pratique, car il est dangereux de vents du large. Aussi le navire qui le tente doit-il être bien prêt à tout évènement, avoir ses ancres de bossoir en veille et des bitures prises pour mouiller au besoin et avoir une bonne ancre derrière prête à laisser tomber.

Ce port est ouvert à la mer entre deux chaussées sous-marines, ayant la même direction que les estacades de Dunkerque, c'est-à-dire celle S-S-E et N-N-O du monde. L'extrêmité de sa chaussée Ouest est indiquée par une forte balise.

Les effets des courants et des vents sont les mêmes à Gravelines qu'à Dunkerque ; cependant on n'a pas avec les chaussées sous-marines l'avantage que présentent les estacades ; aussi est-il bien plus facile d'y être enlevé sous le vent par la marée de flot. Une autre cause même concourt à augmenter les embarras du navire qui vient chercher ce port avec des vents de terre, ou des vents qui ne lui permettent de l'attaquer qu'à la bouline, c'est que le courant de la rivière d'Aa renversant et portant bas violemment dès qu'il y a étale, il est presque nécessaire de donner dans ce port une heure avant la pleine mer, car on embardillerait d'un bord sur l'autre et on finirait par échouer quelquefois dans une dangereuse position, et si l'on touchait on ne pourrait se relever.

Mais comme ceci ne peut arriver qu'avec des vents de terre ou des vents qui permettent de prendre la bordée du large, c'est moins dangereux.

Quand les vents sont courts, il vaut mieux ranger la chaussée de l'Est que celle de l'Ouest à cause d'une espèce de banc que forment de ce côté les sables enlevés par le vent à basse mer et qui, passant par-dessus la chaussée, tombent dans le port et y forment un banc où l'on peut échouer.

Les vents du N-E au N-O sont les plus favorables pour entrer dans le port de Gravelines ; mais aussi de ces vents, quand ils soufflent grand frais, la mer est fort grosse et la barre est dure ; c'est pourquoi il faut forcer le plus de toile qu'on peut en y donnant, car on a souvent remarqué, en approchant de terre, la brise diminuer graduellement et laisser le navire qui s'y expose en butte à une lame dangereuse.

Avec des vents de terre, la mer n'est jamais grosse à l'entrée de Gravelines ; mais de ces vents on ne peut y entrer qu'à la touée, ce qui est long et difficile, à moins qu'on n'y vienne avec un restant de flot, car les courants de l'Aa sont rapides, et comme il n'y a pas à Gravelines des estacades comme à Dunkerque, on y est très-exposé s'il vente grand frais et qu'on y échoue dans le chenal, si les vents passaient au large.

DU PORT DE CALAIS.

Calais est une place forte et le premier port de France sur la Mer du Nord. Il est par 50° 57' 36" de latitude Nord et 0° 29' 2" de longitude Ouest de Paris (2° 55' 2" de Greenwich (Angleterre) à son grand phare).

L'établissement de Calais est de....11 heures 49 minutes, d'après M. Chazalon.

La mer y monte de 6 à 7 mètres (18 à 21 pieds) de syzygie et 5 mètres à 5 mètres 33 centimètres (15 à 16 pieds) de quadrature, suivant les vents.

Ce port, comme celui de Dunkerque, est, ainsi que nous l'avons dit page 50, terminé par deux longues estacades qui s'avancent dans la mer, suivant une direction S-S-E et N-N-O du monde ; le courant de flot qui porte à l'Est est aussi très-violent à l'entrée de Calais.

Le port de Calais est très-sûr quand on y est entré, mais les posées de l'avant-port sont dangereuses. Il y a un beau bassin à Calais et on peut y compter sur des secours de toute nature. Il y a notamment au bout de l'estacade de l'Est un mât à balancier pour faire gouverner les navires auxquels on ne peut envoyer de pilotes. Il y a aussi une cloche pour les avertir des approches du port en temps de brume ; elle est sur le bout de l'estacade de l'Est. Il y a encore sur cette estacade un cabestan et des cordages et autres secours pour donner assistance aux navires qui les réclament, car c'est la seule fréquentée des deux.

C'est sur l'estacade de l'Ouest qu'est le petit feu rouge qui indique de nuit l'entrée du port.

Nous ne parlerions pas du Fort-Rouge, cette construction en bois qui est près de l'estacade de l'Ouest, si nous n'avions à mentionner les signaux qu'on y fait pour faire connaître l'état de la marée à l'entrée du port. C'est de jour, ainsi que nous l'avons dit page 50, un pavillon rouge hissé à mi-mât dès qu'il y a 2 mètres 66 c. (8 pieds) d'eau de montée à la tête des estacades, qu'on hisse à tête de bois dès qu'il y a plus de 4 mètres (12 pieds) d'eau dans le chenal, et qu'on laisse hissé ainsi jusqu'à ce que l'eau soit tombée à cette hauteur. On l'amène alors à mi-mât, et on le hâle bas dès qu'il ne reste plus que 2 mètres 66 centimètres.

La nuit, au moment où il y a 4 mètres d'eau, on allume sur le Fort-Rouge le fanal qui indique cette quantité d'eau, et qui se voit de 10 milles en mer. Il reste allumé jusqu'à ce que la marée soit tombée à 4 mètres, alors on l'amène.

Nous ne dirons plus rien sur le grand phare, car ce serait nous répéter après ce qui a été dit page 51.

Les marques pour entrer à Calais sont :

De jour, la tour du feu rouge de l'estacade de l'Ouest, par la tour du grand phare.

De nuit, ces deux feux l'un par l'autre.

On ne peut jamais manquer de reconnaître l'atterrissage de Calais à cause du cap Blanc-Nez qui domine ce port à l'Ouest. D'ailleurs la ville est elle-même très-reconnaissable par trois tours principales qui sont rapprochées l'une de l'autre ; il faut par ces marques venir chercher le fort en briques (le Risban) qui est à l'Ouest du port et s'approcher le plus possible de l'estacade de l'Ouest.

A 2 milles dans l'Est de l'estacade de l'Est et à 1 mille de la laisse de basse mer, il existe une carcasse de vaisseau par 4 brasses 1/2 d'eau, sur laquelle de basse mer, dans les grandes reverdies, il ne reste que 3 mètres 25 (10 pieds) d'eau environ.

Le port de Calais est ouvert à tous les vents de l'Ouest au N-E ; quand ils soufflent violemment, ils y élèvent une mer fort dure.

Il est bon de savoir que si Boulogne est le port de refuge des navires venant à Calais, qui n'y peuvent entrer de vents forcés du N-E au N-N-O, c'est Calais qui est le port de refuge de Boulogne, quand les vents de l'Ouest au Sud rendent celui-ci impraticable.

Nous ne reparlerons pas de la rade de Calais, qui n'est à proprement parler qu'un mouillage, après ce que nous en avons dit page 51.

Le service de pilotage se fait bien à Calais. Le jour et la nuit, des embarcations montées du pilotes intrépides et capables, se tiennent parées à aller porter secours aux navires qui les réclament.

RELÈVEMENTS DIVERS.

Le bout de l'estacade Ouest de Dunkerque est à l'E-S-E 24 milles de celui de l'estacade Est de Calais.

Les feux de Douvres sont à 24 milles au N-O du bout de l'estacade Est de Calais.

Le feu du North-Sand-Head (Balancier) à 24 milles au Nord.

Enfin le feu du Gallopper à 49 milles au N-E. Pour venir du Gallopper avec vent sous vergue, chercher Calais, il faut faire valoir la route S-O 1/4 O quand il court flot, et S-O 1/4 S quand il court jusant.

EXTRAIT

DU TRAITÉ DE SAUVETAGE

DE J.-A. CONSEIL,

Ancien Capitaine au Long-Cours et Capitaine de Port à Dunkerque.

Avoir quelques précautions prises contre un naufrage possible, ce n'est pas avoir peur de naufrager, c'est seulement être prudent. On n'a pas la maladie à bord d'un navire, parce qu'on y a un coffre de médicaments ; mais à coup sûr qu'on est plus prêt à donner des secours à ses malades, si on en a un, que le navire qui n'en a pas.

On s'effraie souvent à la seule idée d'un naufrage ; il faut cependant que l'homme qui embarque s'y habitue, comme un soldat s'habitue à l'idée d'tère tué ou blessé à la guerre.

Tout navire devrait avoir à bord, à son départ, des moyens de sauvetage organisés. Est-il donc si difficile et si dispendieux de s'en procurer ? Prouvons le contraire et que tout navire possède à son bord, souvent sans que les hommes qui le montent s'en doutent, les éléments des plus puissants appareils de sauvetage. Et qu'on se persuade bien de cette vérité, qu'avec ces simples mais puissants moyens, s'ils étaient généralement adoptés, on sauverait plus des trois quarts des personnes qui chaque année périssent dans les naufrages. Mais il ne suffit pas d'avoir ces appareils à bord, il faut encore apprendre à ceux qui doivent les mettre en œuvre, à s'en servir : Le meilleur outil dans des mains inhabiles ne fera que de mauvais ouvrages, tandis qu'il en fera de parfait, quand on saura le manier. C'est, partant de ces préceptes généraux, que nous allons indiquer quelques appareils de sauvetage que nous pouvons recommander en confiance, car nous les avons expérimentés

RENDRE LES HOMMES INSUBMERSIBLES.

On sait qu'il ne faut ajouter que 2 à 3 kilogrammes de flottaison à une personne qui ne sait pas nager, pour la soutenir sur l'eau ; que même il n'en faut pas au nageur tant qu'il peut agir ; mais qu'il lui est tout aussi nécessaire qu'à la personne ne nageant pas d'avoir des moyens d'insubmersion dans un naufrage, car ses forces suffisassent-elles à la soutenir pendant plusieurs heures sur l'eau (ce qui est douteux), elle peut recevoir un choc si rude qu'elle en perde connaissance et qu'alors son talent de natation ne lui servirait à rien. Il est donc prudent d'avoir autant d'appareils d'insubmersion au moment du départ, qu'on embarque d'hommes. Mais les ceintures, les plastrons, etc., etc., sont chers; celui que je propose pour les remplacer ne l'est pas, c'est un plastron ou *Scaphandre* composé de la manière suivante : *Trois morceaux de liége en planche ayant l'un 2 décimètres, les deux autres 15 centimètres de largeur* (l'épaisseur proportionnée au poids de la personne à soutenir) *et la longueur du buste de la personne qui doit s'en servir. Les deux pièces de 15 centimètres de largeur sont entaillées en croissant à l'un des bouts, et ont des bretelles. Ces trois pièces tiennent l'une à l'autre (la plus large est au milieu) au moyen de trois attaches plus ou moins longues, suivant la largeur de la poitrine qui doit les revêtir ; elles se bouclent ou s'attachent en arrière, et celle du milieu est munie d'un bout de ligne à sa partie inférieure* (Le tout a la forme que l'on voit figure 6). Au moment nécessaire, on met cet appareil, la large pièce sur la poitrine et les deux plus étroites qui s'y tiennent sur les côtés, en passant les bras dans les bretelles, amarrant le corset derrière et passant le bout de corde de la pièce A entre les jambes et l'amarrant à la courroie de ceinture, pour l'empêcher de remonter. On est prêt à tout événement.

Ainsi on a sur le corps non-seulement un puissant moyen d'insubmersion, mais encore une excellente cuirasse pour préserver sa poitrine soit de l'abordage de débris que l'on rencontre continuellement dans les eaux d'un navire qui se démolit, mais encore si on abordait avec une mer furieuse à une côte de roches. Le tout sans que cet appareil gêne en rien les mouvements pour la manœuvre à bord du navire ou la natation quand on est à la mer. Et cependant ce puissant appareil peut être confectionné par le dernier des novices du bord, il ne faut que lui en montrer un, et lui donner 3 morceaux de liége et quelques bouts de corde. Comme ce sont à peu près des gilets à toutes les tailles, dès qu'on en a une fois la collection, on en a pour la durée du navire, car on n'a pas à craindre que l'humidité pourrisse le liége, que la sécheresse le dessèche, que les insectes le percent, etc., etc. ; c'est donc, suivant moi, le plus puissant et le moins dispendieux des appareils d'insubmersion dont on puisse se munir. Mais comme le liège est très-porreux et que l'eau qu'il absorbe, surtout quand il n'est pas de première qualité, en diminue considérablement la flottaison, j'engage ceux qui feraient de ces appareils à les enduire d'une couche de brai qui, sans leur donner beaucoup plus de poids, leur conserverait une grande et précieuse imperméabilité.

Si on n'a pas cette précaution prise au moment du naufrage, il est bon que les hommes augmentent autant que possible leur flottaison naturelle. Ceux qui ont de petits barils de 3 à 4 litres, comme cela arrive quelquefois, doivent les estroper pour s'en servir comme flottes au besoin. Ceux qui n'en ont pas feront bien d'amarrer sur eux des corps flottants qui, en augmentant leur volume, augmentent conséquemment leur insubmersibilité, d'autant plus qu'ils sont plus légers. Ainsi quelques morceaux de planche de sapin blanc ou de peuplier disposés comme nous venons de le dire, peuvent puissamment aider à empêcher celui qui les porte, de couler.

Si on ne trouve rien de mieux, il faut se munir du premier bout de planche venu au moment de se jeter à l'eau, et dès qu'on y est la mettre en long sous soi si on sait nager, ou en travers sous ses bras si on ne sait le faire. Ce simple moyen suffit pour soutenir des heures une personne sur l'eau.

Tous ces appareils seraient bientôt familiers à un équipage, si un capitaine, quand le temps le lui permet, l'y exerçait. Il faut que les marins se le rappellent, les trois quarts des malheurs qui arrivent dans les naufrages, ont pour cause le désespoir qui, empêchant d'entendre et d'exécuter le commandement, fait qu'une manœuvre dont dépend le salut de tous, étant mal exécutée, entraîne leur perte. Mais persuadez à ces hommes qu'ils sont insubmersibles, qu'en cas de naufrage ils iront sûrement à terre et ne pourront se noyer, et vous les trouverez dociles à exécuter vos ordres ; or, rien ne peut mieux les persuader que l'expérience.

RENDRE SES EMBARCATIONS INSUBMERSIBLES.

Toutes les embarcations devraient avoir la précieuse propriété d'être au moins insubmersibles. Avec des caisses soit en cuivre, soit en tôle galvanisée sous la tille, sous les bancs de la chambre, derrière, et saisies le long de la serrebotierre, on leur donnerait cette précieuse propriété sans prendre de leur capacité de charge. Qu'en coûterait-il pour cela? Peut-être 10 p. 0/0 de plus. Mais puisqu'il n'en est pas ainsi, il faut, quand on doit s'en servir avec mauvais temps, la leur donner, et voici comment :

Saisir sous leur banc en abord tous les petits fûts que l'on a, il faut les complètement vider, et si on n'en avait pas assez, saisir une pièce ou plusieurs pièces à eau, préalablement vidées, entre deux des bancs, mais n'user de ce dernier moyen qu'à défaut d'avoir trop peu de petites futailles, car tous les corps flottants qu'on amarre dans le fond d'une embarcation lui donnent bien l'insubmersion, il est vrai, mais ont des inconvénients : le premier, de diminuer la capacité logeable de l'embarcation, le second de la rendre plus volage ; il vaudrait donc mieux de saisir deux barriques l'une tribord et l'autre basbord dans une embarcation où on peut le faire, qu'une pièce de deux entre deux bancs. Il serait donc urgent qu'on eût à bord de chaque navire, pour rendre les embarcations insubmersibles, de petites pièces d'armement, telles que barils de galère, quarts, tierçons, etc., en quantité suffisante. Ces petits fûts devraient être munis d'un grand bondereau à un des bouts pour pouvoir être promptement vidés. Alors, dès le départ et à mesure qu'on les viderait, on les amarrerait en place dans les embarcations, en ayant soin d'y introduire une moitié, un tiers d'eau, etc., pour qu'ils ne se dessèchent pas, et alors on aurait toujours ses embarcations insubmersibles et prêtes à servir à tout évènement. De telles précautions, sans augmenter de beaucoup l'armement, offrant des pièces commodes pour les besoins du navire dans les ports, sauveraient bien du monde; car, sans compter les cas d'abandon spontané où est réduit un équipage, et les cas de naufrage, où d'une telle embarcation dépend le salut de tous, dans combien de circonstances n'a-t-on pas abandonné un malheureux tombé à la mer, parce qu'on craignait, en y mettant une embarcation, d'exposer plusieurs hommes qui la monteraient à une perte certaine.

Nous avançons même qu'il y aurait économie à être pourvu de petits fûts à telle fin, car alors on ne laisserait pas pourrir comme on le fait actuellement entre les drômes ou traîner dans les embarcations les petites futailles qu'on a vidées et qui s'y détériorent dans le cours de la traversée au point de ne plus pouvoir servir. Si donc nous avions quelque chose à ordonner réglementairement à bord des navires de commerce, ce serait une telle mesure.

FAIRE UNE BOUÉE DE SAUVETAGE.

Tout corps flottant peut servir au besoin de bouée de sauvetage à une personne tombée à la mer; ainsi un baril vide et bien bouché, une cage à poules, un aviron, un bout de planche, qu'on jette promptement, parce qu'on l'a sous la main, au malheureux qui se débat contre la mort dans cette affreuse situation, suffisent pour le soutenir assez long-temps sur l'eau, pour donner le temps d'aller à son secours. Les navires de guerre et les navires de commerce ont à cet effet des bouées de sauvetage, des moyens de flottaison plus ou moins parfaits ; mais à faire flotter la personne à laquelle on les jette se borne leur usage, et souvent ils ne font que prolonger inutilement l'affreuse agonie du malheureux auquel on les jette. Nous allons en décrire une dont nous avons éprouvé l'efficacité, c'est celle à laquelle nous avons donné le nom de *bouée de sauvetage à voile*. Elle se compose de deux barils de galère mariés ensemble par une traverse à chaque bout (comme il est indiqué figures 1 et 2). Dans l'une de ses traverses on plante un petit mât de la longueur du baril au plus, sur lequel on met une voile carrée ou trapezoïde (celle-ci vaut mieux pour la stabilité de la bouée). Afin d'augmenter l'inchavirabilité de cette bouée, on saisit par dessous, dans la peule que laissent entre eux les barils, une pince, une barre de fer ou quelqu'autre objet pesant. On amarre sur la traverse qui ne porte pas le mât une ligne de sonde, et on a une bouée à voile dont nous démontrerons plus tard les heureuses propriétés.

Comme il n'en coûte rien pour se procurer ce petit appareil, nous voudrions que tout navire en fût pourvu dès sa sortie du port et que pour ce faire, il eût de faites à son bord les deux traverses, entaillées comme il est indiqué figures 2 et 4, pour recevoir les têtes de barils ; que celles-ci fussent munies à chaque extrémité de bouts de lignes ou de quarantuniers pour saisir les barils sur lesquels on les appliquerait ; que de plus le double de ces bouts de ligne eût un mètre de longueur et fût garni à l'extrémité de flottes en liège, de manière à ce qu'au besoin, si cette bouée était jetée à plusieurs personnes tombées à la mer ou enlevées d'un coup de mer, elles leur permissent de se faire de la bouée un point d'appui qui les empêchât de couler jusqu'à ce qu'on vienne à leur secours ; que dans l'une des traverses il y eût une emplanture pour le mât et dans l'autre un bout de ligne passant par les deux bouts dans la traverse et garni aussi de flottes à ses extrémités (figure 4), afin qu'au besoin une personne qui se sert de la bouée puisse, en passant le double de cette ligne sous ses aisselles, s'y amarrer et pouvoir agir de ses deux bras pour la mâter et l'espalmer. Enfin je voudrais que ce petit flotteur fût toujours saisi en abord à la main du timonnier, que la ligne de sonde qui doit y être continuellement amarrée d'un bout, le fût de l'autre à demeure au navire, et que la petite mâture ainsi que ses vergues, entourées de la voile, fût toujours roulée et saisie entre les deux barils, soit sur, soit (ce qui vaudrait mieux) sous les traverses. Le tout pour qu'au premier cri : *Un homme à la mer!!!!* tout fût prêt à la jeter dehors.

Il faudrait même qu'on eût à portée un petit flambeau à l'essence de térébenthine pour l'allumer promptement si l'accident arrivait de nuit.

Faire un catimaron de sauvetage quand les embarcations du navire, dans un cas d'abandon à la mer, ne suffisent pas à contenir le monde.

Aucun navire ne devrait pouvoir quitter un port, sans qu'il puisse prouver qu'il a suffisamment d'embarcations pour sauver le monde qu'il embarque ; mais comme dans certains cas, celui où l'on transporte des troupes ou des émigrants, par exemple, il faudrait une trop grande quantité d'embarcations, il faut donc au moment suprême savoir y suppléer, et c'est en faisant des catimarons qu'on peut y parvenir. Nous allons en décrire un qui joint à beaucoup de solidité, beaucoup de flottaison, et cependant dont les éléments se trouvent à bord de tous les navires.

Mariez ensemble, deux à deux, des pièces à eau que vous commencerez par vider aux trois quarts; tâchez de les appareiller autant que possible. — Mettez-en deux à trois couples, selon le nombre que vous en avez et la longueur du radeau que vous voulez faire, en ligne droite sur le guillard derrière, et pour les tenir ainsi, couchez dans les peules qu'elles laissent, un bout-d'hors de bonnette basse, si vous en avez trois couples dans le rang, et un bout-d'hors de bonnette d'hune, si vous n'en avez que deux. Disposez une seconde ligne de futailles absolument de la même manière. Il va sans dire qu'on donnera assez d'écartement entre les chapelets de futailles qu'on devra le faire pour donner au radeau toute la stabilité possible. On met ces deux lignes de futailles parallèlement, et à la distance convenable à la largeur qu'on peut donner au catimaron ; on les maintient à cette distance au moyen d'un bout-d'hors de bonnette de perroquet, de vergues de bonnettes ou autres morceaux de bois légers de longueur convenable, placés l'un sur l'avant l'autre sur l'arrière des futailles horizontalement (on en place un sur les deux bouts-d'hors de bonnette basse et l'autre en dessous et on les relie entre eux par de bons amarrages) ; de cette manière on a 6 ou 4 traverses qui maintiennent chaque chapelet de pièces à égale distance l'un de l'autre, et qui maintiennent en même temps les pièces entre elles pour qu'elles ne bougent pas. On a fait alors la charpente d'un solide radeau, sur laquelle on cloue des planches de sap de ses pavois, en ayant soin de laisser entre-elles un intervalle de deux à trois centimètres. Mais comme avec les mouvements, les personnes que l'on embarquerait sur le radeau risqueraient d'être jetées par-dessus le bord, on plante debout entre les peules et par le petit bout, des barres de guindeau qui servent de montant, et on les amarre solidement ; on y amarre très-solidement aussi deux espares légers, ou mieux deux avirons de chaque côté, et on en met également en travers de l'un et l'autre bout. Si on a le temps, on fait aussi avec des manœuvres légères une filière, puis on a un appareil tout prêt à mettre à l'eau. (Voir la figure n° 5 pour la carcasse du catimaron.)

Nous verrons plus loin comme on doit s'y prendre pour compléter l'armement du radeau. Il faut avoir soin d'y embarquer un mât, une voile, une aussière, une ancre à jet, un baril d'eau, et un autre baril bien fermé renfermant des vivres, un compas, une carte et un crayon. Un tel radeau de 8 futailles peut aisément porter 15 à 20 personnes, et quand il est composé de 12, il en pourrait porter facilement de 25 à 30.

Établir un va-et-vient entre un navire naufrageant et la terre, ou un autre navire, pour sauver son monde dans un naufrage.

L'expérience a prouvé que lorsqu'un navire naufrageant peut établir un va-et-vient avec la terre ou un autre navire, presque toujours il sauve tout son monde, ou au moins toujours il sauve une grande partie de son équipage. Voici celui que je propose :

Estroper deux grandes cosses avec des fouets d'une brasse de longueur ; passer dans ces cosses une aussière assez longue pour aller à terre (ou à bord du navire avec lequel on veut communiquer) ; — frapper à une brasse ou une brasse et demie de l'un des bouts de cette aussière une poulie simple à fouet ; — y frapper aussi, mais sur tout le bout, la ligne de sonde, et sur l'autre bout de cette ligne amarrer une bouée à voile ; — passer dans la poulie simple une manœuvre légère ayant en longueur le double de l'aussière ; — avoir également à son bord une poulie simple dans laquelle passe la même manœuvre ; — frapper les deux bouts de cette manœuvre sur les cosses d'araignées d'un hamac (mais pour ne pas fatiguer ces araignées, conserver assez de longueur pour que les deux bouts de cette manœuvre puissent se joindre au milieu) ; — frapper aussi sur les croisants du hamac les deux fouets des cosses où passe l'aussière, et l'on a un va-et-vient convenable.

MANIÈRE DE SE SERVIR DE CES DIVERS ENGINS.

UN HOMME A LA MER !!!

Dès que ce cri sinistre se fait entendre, il faut de suite jeter la bouée de sauvetage à la mer, et manœuvrer pour neutraliser le plus vite possible la vitesse de son navire, afin de s'éloigner le moins possible de ce malheureux. Si c'est de jour, pendant qu'on manœuvre pour atteindre ce but, une personne observe et relève au compas l'homme tombé à la mer, afin de savoir où le trouver, et observe aussi la ligne qui tient la bouée ; s'il s'aperçoit qu'elle raidit et que conséquemment le navire remorque le flotteur, il s'empresse de couper la ligne pour qu'il ne s'éloigne pas de celui auquel on l'a jeté. Avec une telle précaution, si l'homme tombé sait nager, on est au moins sûr qu'il a un point d'appui sur lequel il peut se soutenir jusqu'à ce que l'on vienne à son secours. Alors si on a ses embarcations insubmersibles, quelque grosse que soit la mer, on n'hésite pas à mettre à l'eau son porte-manteau, et, si on n'en a pas, sa chaloupe pour aller au secours de l'homme et danger. Si on n'a pas d'embarcation insubmersible, et que l'on ait des futailles à la main, on peut dans peu de temps donner cette précieuse qualité à une de ses embarcations légères, et encore aller au secours. C'est surtout quand le malheur est arrivé sur un vent arrière ou un largue que l'homme tombé à la mer est plus exposé, car avant d'avoir pu rentrer les bonnettes et mettre en travers ou en cape si la mer est grosse, il est exposé à être perdu de vue par son navire. C'est dans ce cas particulièrement qu'on appréciera l'avantage d'avoir une bouée à voile. Vous avez perdu votre homme de vue, il est vrai, mais lui aperçoit bien le navire ; or, comme il sait que celui-ci ne peut louvoyer au vent pour le venir chercher, il mâte sa bouée et hisse sa voile pour courir vent arrière à dépasser le navire. Pour ce faire, comme il doit agir des deux mains, il s'amarre à la bouée au moyen de la corde de ceinture (figures 1, 2, 3); puis, ayant les mains libres, il s'installe, et gouvernant avec sa jambe le mieux qu'il peut, il tâche d'approcher le navire le plus qu'il lui est possible, et le dépassant sous le vent, il laisse à celui-ci la faculté d'arriver sur lui ; sa petite voile même aide à le faire remarquer. Cette manœuvre se fera avec d'autant plus de succès, qu'il conservera son sang-froid, et ce sont de fréquents exercices de la bouée qui donneront à l'équipage cette confiance.

Il ne faut pas oublier, s'il y a des navires en vue sous le vent, quand un pareil malheur arrive, de hisser ses deux ballons à joindre à bord du navire, pour les avertir qu'on a eu du monde d'enlevé ; car si on ne peut pas aller au vent, eux, en venant se mettre dans les eaux du navire signalant et faisant petite route, peuvent les sauver.

Il ne faut pas encore oublier de mettre à la traîne, et en plus grand nombre possible, des manœuvres à l'extrémité des bouts-d'hors de bonnette basse, que l'on pousse au bout des tangons, etc., etc., sur lesquelles on amarre un flotteur quelconque ; car en approchant de la personne , si la mer est grosse, on ne pourra pas l'accoster, le renvoi de la lame l'éloignant. Mais lui peut saisir un de ces bouts de manœuvre et avoir ainsi un point de communication avec le navire. C'est pourquoi il est bon aussi de faire une boucle sur le bout de ces manœuvres traînantes, afin que la personne, qui souvent au moment où elle s'en saisit est brisée de fatigue et d'effroi, puisse se la passer sous les aisselles et offrir ainsi le moyen de l'enlever du bord hors de l'eau.

Tout ceci est très-praticable quand l'accident arrive de jour ; mais s'il a lieu de nuit, on ne peut se dissimuler que le danger devient beaucoup plus grand. Alors, avant de jeter la bouée, il est indispensable d'y planter un flambeau quelconque, à l'essence de térébenthine par exemple, pour que la personne tombée à la mer puisse savoir où est son point de salut. Il faut avoir soin aussi, à bord du navire, de mettre des fanaux en dehors pour faire savoir où l'on est. Il serait bon même, si l'on ne peut amener un canot, de mettre sur un panneau ou un objet flottant et peu chavirable un flambeau , et de l'amarrer sur une des lignes traînantes. Toutes ces précautions sont bien éventuelles sans doute, mais il y a tant d'exemples d'hommes miraculeusement sauvés en pleine mer à l'aide d'un bout de planche, d'une cage à poules et d'autres objets sur lesquels ils flottaient, qu'on ne doit pas perdre confiance ni d'un côté ni de l'autre.

Abandonner un navire dans ses embarcations ou sur un catimaron de sauvetage. Précautions à prendre pour embarquer son monde.

Quand on peut prévoir l'évènement un peu à l'avance, on a le temps de s'y préparer ; alors il ne faut pas perdre de vue que l'on doit non-seulement pourvoir les embarcations de leurs avirons, gouvernail, et d'une voile, mais encore d'un câblot et d'une petite ancrelle ou d'un grappin, enfin y embarquer une certaine quantité de vivres, un compas de route, une carte, un crayon et une certaine quantité d'huile, dans un baril bien foncé et bien saisi, ainsi qu'une petite pièce d'eau. (1) On donnera un armement semblable aux catimarons, si on en a fait.

Il s'agit alors de mettre ses embarcations à la mer et d'y embarquer son monde. Si la mer n'est pas trop grosse, l'opération n'est pas difficile, et tout le monde sait comment s'y prendre. Mais si la mer est fort grosse, le cas est beaucoup plus embarrassant. D'abord, avant de mettre ses embarcations sur les palans, il faudra avoir soin de les amarrer au navire, à l'aide d'une bonne sabaille et d'une amarre derrière. Il faudra aussi en matelasser le côté qui portera le long du bord, ou l'arrière, selon qu'on les destine à accoster de long en long le navire, en les affalant avec les palans, ou qu'on veuille les faire accoster par l'arrière, ce qui, selon nous, vaut mieux, car elles sont moins exposées aux avaries et toutes évitées pour s'éloigner. Dans ce cas, on n'emploie pas de palans, on les présente et on les jette, l'étrave en avant, par-dessus le bord. Alors, avec deux bouts, l'un tribord et l'autre basbord, on les maintient l'arrière à la lame. Il est inutile de dire qu'au moment où l'on met ces embarcations à l'eau, quelqu'un s'y embarque, les vide si elles ont été en partie remplies par les coups de mer, et se tient paré à aider à l'embarquement des autres. C'est souvent une opération difficile et dangereuse ; la meilleure manière, selon nous, est de passer un cartahu au bout d'une des basses vergues, y faire une chaise en ayant soin de conserver assez de bout pour pouvoir le frapper sur l'autre bout, et former une corde sans fin qu'on tient à bord ; d'y frapper encore un petit bout vaquant, que la personne qui est dans l'embarcation amarre à l'un des bancs ; celle-ci hisse un peu de la voile ou met quelque aviron en l'air pour que la force du vent sur ces objets empêche l'embarcation d'accoster le navire et souvent de s'y briser. On assied celle que l'on veut embarquer dans la chaise, on la hisse au-dessus de l'embarcation de manière à presque la toucher ; l'homme qui y est, hâlant sur son hâle-à-bord, il met la personne ainsi suspendue au-dessus de l'embarcation où on l'affale promptement ; elle se dégage rapidement de la chaise, et on rehale celle-ci à bord pour embarquer une nouvelle personne. Tout ceci est bien tant qu'il reste à bord du monde pour hisser ; mais vient le moment où il faut embarquer le capitaine et les derniers hommes qui sont avec lui : Pour ceux-ci, comme ce sont gens expérimentés, ils se suspendraient eux-mêmes au cartahu et on les hâlerait à bord.

Pour embarquer le monde sur un catimaron, c'est absolument de même ; mais pour mettre cet appareil à la mer, ceci demande quelques explications. On conçoit qu'on ne peut l'enlever sur des palans comme une embarcation, alors il faut le jeter par-dessus le bord. Pour se disposer à cette opération, on l'évite en travers au navire, de manière à le lancer debout, on l'y amarre avec deux aussières, tribord et basbord, par le bout opposé à celui que l'on veut lancer le premier. On scie alors

---

(1) On conçoit que toutes ces précautions ne sont que pour le cas d'abandon en pleine mer.

lés jambettes à ras de plat bord sur la largeur nécessaire, afin qu'il n'y ait besoin que de le pousser dehors et qu'il tombe de moins haut; on y installe un petit mât et une petite voile qu'on hisse dans cette partie et on jette l'appareil la mer, en soutenant l'avant qui va tomber, au moyen d'un palan ou d'un fort cartahu. Dès qu'il est dehors, le vent qui force sur sa voile le déborde suffisamment du navire, et agit pour que le catimaron ne vienne pas se briser le long du bord.

Quant à la manière de l'armer, de le pourvoir et d'y embarquer le monde, elle est la même que pour les embarcations.

Aborder un navire en pleine mer avec une embarcation chargée de monde.

Lorsque la mer n'est pas trop grosse, cette opération n'ayant rien de particulier nous n'en parlerons pas. Mais quand la mer est fort grosse, elle présente des dangers qu'il faut savoir éviter. Il faut d'abord que le navire qu'on veut accoster mette en cape, et au lieu de l'aborder par le travers, il faut le faire par derrière. A bord du navire, on commence par amener la corne de la brigantine (ou le pic de la grand'voile, suivant l'espèce du navire qu'on aborde) ; on frappe au bout une bonne poulie simple à fouet dans laquelle on passe un bon cartahu ; on le hisse alors, presqu'en haut mais horizontalement, et on le maintient ainsi à l'aide de la drisse de pic et des gardes, afin que le point de suspension déborde le couronnement du navire et le canot de porte-manteau qui y est suspendu. On met une chaise en planche ou l'on fait une chaise sur le bout d'en dehors du cartahu, qui va servir à hisser le monde, en ayant soin de conserver assez de bout pour l'amarrer sur l'autre et en faire une corde sans fin. On met sur le couronnement un espare, qui le déborde suffisamment ainsi que le canot de porte-manteau pour qu'un second cartahu qu'on y passe, et que nous nommerons *hâle au large*, agissant sur la chaise, lui permette d'écarter assez l'individu qui y serait assis pour qu'il ne vienne pas s'engager sous le canot de porte-manteau. On amarre l'un des bouts de ce *hâle-au-large* sur la chaise, et l'autre vient à bord du navire. On amarre encore un bout vaquant sur la chaise, on le jette au canot, où ceux qui y sont l'amarrent à un des baux pour pouvoir, chaque fois qu'il est nécessaire, rehâler la chaise à bord de leur canot.

Toutes ces précautions prises, on fait asseoir une personne sur la chaise, on fait signe à bord du navire, à ce signe on pèse à la fois et le cartahu qui enlève la personne, et le hâle-au-large qui la déborde du porte-manteau. Quand elle est à toucher le bout de l'espare, qu'on ne craint plus qu'elle s'engage dessous cette embarcation, on file le hâle-au-large en pesant encore le cartahu de la corne, et la personne étant assez haut pour passer par-dessus le couronnement, on la hâle à bord, renvoyant de nouveau la chaise à l'embarcation pour en prendre une autre.

Aborder une côte au milieu des brisants, pendant un coup de vent, avec une embarcation chargée de monde.

Aller à terre au milieu des brisants d'une côte, avec une embarcation chargée de monde, est une opération difficile et dangereuse, l'une de celles qui le sont le plus dans un naufrage ; mais avec de l'adresse et du sang-froid on en vient à bout. Pour ce faire, il se présente deux cas principaux : Ou le navire est échoué assez près de la côte pour s'en faire un point d'appui pour l'embarcation, ou il est trop éloigné et il faut l'abandonner absolument.

Dans le premier cas, on appréciera l'avantage d'embarquer son monde de préférence avec son embarcation présentant l'arrière au navire, plutôt que de la faire élonger, car elle sera moins exposée aux coups de mer affreux et qui tourmentent celui-ci, et de plus, comme elle sera toute évitée pour faire route à terre, dès qu'on y aura tout le monde embarqué, on pourra, sans s'exposer à recevoir un coup de mer par le travers à l'évitage, laisser courir et fuir l'arrière à la lame en se maintenant ainsi sur l'aussière amarrée sur le navire, qu'on peut conserver comme point d'appui. Ainsi on n'aura pas à craindre de venir en travers. On fera bien de jeter de l'huile (1), afin d'empêcher la mer de briser, où l'on abordera.

Dans le second cas, dès que tout le monde sera dans l'embarcation, on se laissera courir à une certaine distance du navire, pour ne pas avoir à craindre la chûte de la mâture, et on s'espalmera pour aller à terre, comme suit, toujours l'arrière à la lame : *Disposer l'ancrelle ou le grappin qui est dans l'embarcation prêt à mouiller, passer le bout du câblot de l'avant à l'arrière par dessous les bancs, et l'étalinguer sur cette ancre, faire border les avirons, maintenir chaque canotier à son poste et bien prêt à nager, la pelle de l'aviron haute, pour n'avoir pas à craindre qu'ils s'engagent d'un coup de mer ; tenir un homme bien prêt à la touque ou au baril à l'huile, avoir un aviron pour gouverner, faire asseoir dans le fond de l'embarcation toutes les personnes qui ne sont pas utiles à la manœuvre ; tout ceci bien disposé, hisser sa voile et quand elle est apprêtée, couper l'amarre ou les amarres qui retiennent l'embarcation au navire.* Alors elle court rapidement à terre, avoir grand soin de la maintenir l'arrière à la lame. Quand on arrive dans les brisants de terre, recommander à celui qui veille l'ancre d'être prêt à la jeter au premier commandement, et à celui qui est à l'huile d'être prêt à en verser un filet à la mer, dès qu'on le dira. Quand on sera dans les brisants de terre, laisser tomber son ancre, presque à pic, pour s'en servir seulement à maintenir son embarcation l'arrière à la lame, car elle ne fera que prendre et dérapper sans retenir ; aux premiers coups de talon, faire jeter de l'huile et tâcher d'étaler un instant sur son ancre pour lui laisser commencer son effet ; filer alors de son câblot, pour que l'embarcation ne vienne pas en travers ; les hommes des avirons doivent aussi se tenir parés à la maintenir ainsi, si le câblot ne suffisait pas ou venait à casser. Dès qu'on sera assez près de terre pour que les canotiers puissent sauter à la mer, les y faire sauter et s'emparer de la sabaille de l'embarcation pour la traîner à terre ; ceci, en allégeant beaucoup l'embarcation, lui permet d'aller plus loin à terre, et fait qu'on peut l'y échouer de manière à ne pas être réentraîné par le renvoi de la lame, jusque sous

---

(1) Nous recommandons bien sévèrement de s'abstenir de répandre de l'huile, si l'on doit aborder à plusieurs embarcations et si celle qui le ferait n'est la dernière, ou si l'on se trouve dans le voisinage d'autres navires naufrageant, car l'expérience a prouvé que si l'huile empêche la mer de briser où elle exerce son action sur la surface de la mer, elle ne la rend que plus furieuse hors de la zone de cette action, et en l'employant pour son salut on assurerait donc presque la perte des autres.

la voûte du coup de mer suivant, ce qui est la position la plus périlleuse, car presque toujours l'embarcation vient en travers et est roulée dans le brisant. Alors tout le monde peut être tué et noyé. Par ce moyen et avec ces précautions, il y a dix chances contre une, au contraire, qu'on sauvera tout son monde.

On conçoit que si le naufrage a lieu sur une côte habitée et si les riverains sont là pour vous porter secours, il y a moins de dangers, car alors ce sont eux qui, au moyen de la bouée de sauvetage à voile, que dans ce cas on doit avoir soin d'embarquer dans l'embarcation, recevant une amarre, halent cette embarcation à terre avec le monde qu'elle contient ; on n'a que le soin de l'arrêter avant qu'elle ne soit dans les brisants de terre. Alors, pendant que vous la maintenez l'arrière à la lame au moyen de votre câblot, ils la traînent rapidement à sec, en profitant du moment où un fort coup de mer, la soulevant sur la crête de son brisant, la lance comme une flèche.

On conçoit aussi que si le navire est assez près de terre pour y envoyer un bout d'amarre, mais en est trop éloigné pour établir avec elle un va-et-vient, on fera bien, avant de le quitter, d'envoyer aux riverains une bonne amarre à terre, au moyen de la bouée à voile. On frappera cette amarre sur l'avant de l'embarcation, et dans ce cas elle est sur deux amarres, l'une à bord d'où l'on transfile l'autre à terre où on la hâle ; alors il est rare qu'il arrive de fâcheux accidents. C'est dans un tel cas qu'on appréciera le bonheur d'avoir une bouée à voile, pour rapidement envoyer une ligne à terre, afin d'établir avec la terre une bonne communication.

S'il y avait plusieurs embarcations qui dussent partir du navire et que l'on fût déjà en communication avec la terre, dès que la première aurait le bout d'amarre envoyé à terre, elle s'éloignerait assez du navire pour qu'une autre, à une longueur ou deux, puisse s'y amarrer aussi ; cette seconde embarcation en ferait de même pour la troisième, et ainsi de suite. Dans ce cas, il faut avoir soin de distribuer ses embarcations de manière à ce que celle du moindre tirant d'eau soit en avant, que celle qui en tire le moins après elle la suive, et ainsi de suite ; car sans cela la première hâlée à terre empêcherait les autres de terrir et assurerait presque leur perte.

Établir un va-et-vient entre un navire naufrageant et la terre ou un autre navire.

Il est souvent impossible d'aller à terre avec une embarcation, surtout si c'est une côte de roches, car la côte la mettrait bientôt en mille pièces ; mais ordinairement aussi, on peut approcher assez près d'une telle côte pour établir avec elle un va-et-vient. Pour le faire, il faut tâcher d'envoyer à terre un bout de ligne sur lequel on puisse faire parvenir le bout de la draille du va-et-vient qui a été décrit page 76. C'est encore là que la bouée de sauvetage à voile peut rendre de grands services ; car, enlevée de roche en roche par les coups de mer, il est possible qu'elle vienne jusqu'à terre. Cependant on ne peut se dissimuler qu'il est bien chanceux qu'elle le fasse, à moins qu'un homme déterminé ne se dévoue à y aller avec elle, et n'aide, s'il n'est pas tué, à ce qu'elle franchisse les dangers. On voit dans un tel cas combien encore le scaphandre dont nous avons parlé (page 72), peut lui être utile, tant pour augmenter sa flottaison que pour lui garantir la poitrine du choc des roches.

Souvent aussi il arrive qu'on ne peut pas aller donner des secours à un navire en danger, sans s'exposer à une mort certaine, parce qu'on ne peut l'accoster ; mais qu'avec une embarcation mouillée au vent à lui, on pourrait lui envoyer une ligne au moyen de la bouée à voile et établir avec lui un va-et-vient, et sauver ainsi tout ou une partie de son monde ; car, c'est chose prouvée par l'expérience, que dès qu'on peut établir un va-et-vient avec un navire naufrageant, on sauve presque toujours son équipage, ou on en sauve du moins la plus grande partie.

Inutile, sans doute, de recommander ici, si on se sert d'un hamac pour envoyer les personnes à terre ou à bord d'un autre navire, de les y amarrer. Mais on ne peut se dissimuler que, si on n'en est pas très-près, le trajet qu'on fera faire à la personne ainsi hâlée ne soit très-pénible et même qu'on ne risque de ne la ramener que noyée, car elle sera presque toujours sous l'eau ; c'est dans ce cas que sa cuirasse en liége, en l'en revêtissant, peut lui rendre de sérieux services, en ayant soin de la mettre sur son dos au lieu de la mettre sur la poitrine. Dans un navire même où l'on consacrerait un hamac spécial au va-et-vient, on pourrait le border de deux bonnes ralingues que l'on passerait dans des flottes en liége comme celles qu'on met aux filets, ce qui donnerait à ce hamac beaucoup de flottaison ; l'augmenter encore en mettant sous la tête du hamac, entre deux doubles de toile, un oreiller en rognures de liége, comme on fait les ballons ; enfin, pour compléter ces précautions, on pourrait faire au hamac un recouvrement à boutonner, ou lui mettre seulement deux sangles, l'une à boucler sous les bras, l'autre au bas du ventre de la personne qu'on y couche, et si celle-ci était retournée sens dessus-dessous par un coup de mer, elles l'empêcheraient de tomber hors du hamac, en lui laissant la faculté de se servir de ses bras pour se promoyer le long de la draille, et d'écarter les corps étrangers qui pourraient lui faire obstacle et la blesser.

Lorsque l'échouement se fait sur une côte très-plate, comme celle de Dunkerque par exemple, ce n'est pas avec 120 brasses d'aussière qu'on pourrait aller du navire à terre au milieu des brisants, surtout s'il tirait 4 à 5 mètres d'eau. Il faut alors former de sa plus forte embarcation un point intermédiaire entre le navire naufrageant et la côte. Pour ce faire, on y embarque la bouée de sauvetage à voile et le va-et-vient, et après avoir aussi embarqué le monde qu'elle doit contenir, on la laisse courir à toute touée d'une forte aussière amarrée sur le navire, en ayant soin, quand on est presque à bout, de mouiller son ancrelle pour qu'elle n'embarde pas ou ne soit pas enlevée par le courant. C'est de cette embarcation intermédiaire que l'on établit alors la communication avec la terre, car sur les 240 brasses de longueur des deux aussières (celle qui tient le canot au navire et celle qu'on envoie du canot à terre), on peut en élonger 200, ce qui donnerait 333 mètres (1,000 pieds); or, à cette distance de terre, il est rare qu'on n'ait pas 3 brasses d'eau ; conséquemment, le navire tirant 5 mètres, serait en communication avec la terre.

Enfin et comme dernier avis, nous engageons les marins qui auront un obstacle infranchissable entre eux et leur navire, comme un banc par exemple, s'ils craignent que ce navire ne leur manque sous le pied, de l'abandonner, et de se mouiller à une certaine distance de lui, pour attendre un temps meilleur et gagner la terre, s'ils n'ont pas un port sous le vent, ou si les vents soufflant de terre les empêchent d'y terrir ; ils n'y seront pas bien, sans doute, mais par cette précaution ils assureront leur salut. Mais il faut avoir soin de pourvoir cette embarcation des vivres nécessaires.

Surtout, ce que nous leur recommandons particulièrement, c'est de ne pas chercher à se sauver à la nage, quand bien même ils sauraient parfaitement nager, avant qu'il y ait nécessité absolue de le faire (comme démolissage du navire, par exemple), particulièrement s'il y a jusant ; car s'ils parviennent à s'y maintenir jusqu'au moment où il restera tranquille, ils pourront avec bien plus de sécurité vaquer au sauvetage de tout le monde, et souvent même des effets et objets précieux. Agir autrement, est extrêmement imprudent et l'on risquerait beaucoup de succomber.

Ici se termine cette instruction sur les sauvetages et sur les appareils qu'on peut faire à bord des navires, sans dépenses aucunes, pour y puissamment aider. On aura remarqué sans doute que tous les éléments de ces appareils de sauvetage que nous proposons se trouvent forcément à bord de tous les bâtiments ; il ne faut donc qu'un peu de prévoyance pour se les procurer, et nous croyons qu'il y a négligence coupable au capitaine qui les connaît et ne les fait pas confectionner, pour les avoir tout prêt au besoin ; car qui peut dire qu'il sera en mesure de les faire au moment du danger ? Mais si les appareils que nous venons d'indiquer peuvent rendre de très-grands services aux hommes qui les ont et qui savent s'en servir, ils sont, il faut l'avouer, bien moins efficaces pour ceux qui ne les ont jamais exercés, car ils ne savent pas la plupart du temps combien ils présentent de ressources, c'est pourquoi nous engageons les capitaines qui s'en prémuniront à les faire expérimenter le plus souvent qu'ils le pourront par leurs hommes, d'abord comme amusement, ensuite comme exercices sérieux pendant le mauvais temps, car ils leur en donneront la confiance, et leur feront se persuader qu'avec de tels moyens il y a cent contre un à parier qu'ils ne se noieront pas dans un naufrage. Or, cette confiance seule est déjà une chance immense de salut, car alors, les hommes conservant tout leur sang-froid, exécutent ponctuellement les ordres du chef, de l'exécution desquels dépend presque toujours le salut de tous.

Pour compléter cette instruction, il aurait bien fallu parler aussi des moyens de sauvetage qui devraient se trouver à terre pour donner des secours aux navires naufrageants, et de la manière de les mettre en œuvre. Ainsi, les signaux, les porte-amarres, les chariots-radeaux, les califacteurs, etc., etc., entreraient dans la description de ces moyens ; mais ce serait sortir des bornes que M. le Ministre de la Marine nous a posées. Nous n'en parlerons donc pas, et renvoyons pour cela et bien d'autres procédés de sauvetage, trop longs à décrire ici, et qui ne peuvent entrer dans le cadre d'un tel opuscule, à l'ouvrage dont ce qui précède n'est qu'un extrait, et auquel nous avons donné le titre de : *Traité pratique de Sauvetage.*

Dunkerque. — Imprimerie de C. Drouillard, rue des Pierres, 7.